職場上，你需要搞點政治

What Is Internal Politics?

Kota Ashiya

辦公室政治教戰手冊

社內政治力

蘆屋廣太

楊毓瑩 譯

Foreword 推薦序

What Is Internal Politics?

社內政治力

職場上，你需要搞點政治：
辦公室政治教戰手冊

未來時代人生必修的「職場政治學」

剛收到遠流出版邀約撰寫推薦序時，老實說有點意興闌珊，因為每年會找我推薦的書籍有幾十本，其中又以職涯相關的書籍為主。雖然不見得每一本都會推薦，但撰寫推薦序這事情也成為我生活中的例行公事。

看著編輯寫的介紹——這本書談論「社內政治力」「比宮鬥劇還精彩的職場政治學」，讓我覺得滿有意思的。大多數的職場書不是在講求職、離職、轉職，就是在說心靈層面的自我成長、自我療癒，這本書卻在這樣的職場主流書籍中特立獨行，甚至可說是鶴立雞群——因為，它直接教你如何「鬥爭」。雖然名為鬥爭，也不是要你害別人，而是如何在錯綜複雜的局勢中站穩腳步，贏得名聲，創造影響力，進而讓自己擁有工作自由的主控權。

作者蘆屋廣太本身是日本財閥旗下公司的總經理，除了本業外也「斜槓」出

推薦序　Foreword

講師的身分，這本書就是其職場生活三十年磨一劍的代表作，將他這半甲子的職場經歷與心法濃縮而成。

在未來的時代，人與人的連結反而會因為科技的進步更加緊密，就算自身有十八般武藝，但除非你的工作是每天只需要面對電腦的遠端工作程序員，不然想要出人頭地，獲得提拔和晉升，一定要過關斬將。**只靠埋頭苦幹獲得肯定，在這個時代已經不管用。**「做人成功、贏得名聲」，讓公司內其他人願意接受你的意見，成為有影響力的領袖，才是成功的關鍵。這本書中，作者用生動的敘事與實際的案例跟我們分享如何「對上管理」「向下領導」「橫向溝通」，以及建立公司內外的人脈連結網，進而創造影響力。

簡單地說，時勢造英雄，而我們可以自己創造出這個「勢」。首先要學會塑造「影響力」，透過主動的出面協調，扛下任務，贏得「能夠解決問題」的好名聲；獲得信賴後，不同部門的同事和主管便會認可你；影響力大增後，就能取得更多的情報，這些情報能成為你的資產，持續擴大你的影響力。而這過程中，我們要先知道每個人之間的利害關係，分析局勢，了解不同部門、不同主管之間的恩怨情仇、利害糾葛，這樣就能在有共同利益關係時，形成同盟；同時在有利益衝突時，能夠冷靜且詳細地應對，取得諒解而不得罪人。接著，進一步成為能化解他人間利害衝突的協調者。

具體來說，想要爬上高位，最重要就是二項技能——「創造價值」與「掌握資訊」，不論對上或者對下，**當你對他人「有用處」時，別人才會願意與你結成同盟，也就是只有我們能夠幫助其他人的時候，才能創造價值和影響力。**所以，試著主動去幫忙他人，讓主管事事省心、讓部屬成長學習，贏得他人的尊重與信賴後，便能進而獲得許多資訊。就像任何數學題目都是用「已知」去解「未知」，當已知愈多時，解決問題就愈容易。**想要在職場達到高位，進入中高階層後，更需要的不是專業能力的高低，而是政治問題的解決能力。**這時候掌握的資訊愈多，就愈能全面地下好這盤棋。

從閱讀這本書的過程中，相信你也會驚嘆於作者蘆屋廣太的學識與實戰經歷，面對各種職場場景，不管是愛「衝康」你的其他部門，還是沒有擔當的上司，甚至是脾氣硬的難搞下屬，書中都提出具體的案例和可實際執行的解方，讓你成為職場上取得主動權的能手。

雖然書中有些職場文化可能較常出現在日本，但同樣是深受東亞儒家思想影響的我們，也有許多可以借鏡和反思的地方；再加上流暢的敘事與從實戰中總結的應對理論，讓這本書雖然輕薄，卻含金量十足。我相信不管是職場老手，還是初入茅廬的社會新鮮人，都可以從作者蘆屋廣太三十年淬煉出的職場生存法則中，找到屬於你的一條路，學會這門人生必修的職場政治學！

——何則文／作家、人資經理、「職涯實驗室」社群創辦人

無須染黑雙手，也能成為辦公室政治贏家

努力讀書，知識不會背叛你；勤奮健身，肌肉不會「變節」；拚命大吃大喝，肥肉更是緊緊相依，不肯 say goodbye。可是認真工作呢？很可惜的，即使你拚死拚活，賣力工作到白天不懂夜的黑，也不一定能獲得相應的實際成果。因為有太多內、外部要素遮蔽你燃燒自己、照亮他人的光芒，干擾你的升遷管道，所以陶淵明才會吟唱「歸去來兮！田園將蕪胡不歸？」與蘇軾筆下的「君門深九重，墳墓在萬里」。

不屑「搞手段」上位，古人如此，今人亦然。身邊許多親朋好友抱怨仕途不順，阻礙重重，周圍小人多到尾戒戴好戴滿，連胯下也……沒事（若無其事吹口哨）。就算你有一身好本領，若無貴人相助，便窒礙難行。所以，累積實力之餘，別忘記學些有助於自己又不會傷害他人的「政治手腕」（請勿於辦公室飲水機下鶴頂紅），強化職場競爭力。

《職場上，你需要搞點政治》由職場實戰經驗豐富的蘆屋廣太撰寫，他不僅從業二十多年，亦任職於日本財閥企業總經理，這輩子見識與管理過的人比我吃過的米還多（話說我是米蟲，真的吃很多米）。根據其豐富的歷練，推翻溫良恭儉讓、能者過勞死的社畜文化，提出如何運用「社內政治力」和「暗黑兵法」讓普通上班族步步登天。

乍聽之下，品性高潔如蓮花托生的正直讀者可能大驚：「天哪！好骯髒！好齷齪！我要趕快去用王水洗眼睛！」等等！別先入為主下定論，所謂的「社內政治力」是一種「協調利害關係，輕鬆周旋於重要人士的巧妙技能」，最終目的在於為公司整體帶來好處，個人受益是附加價值。靜下心來仔細想想，**多少重大決策或提案都在無能上司、無謂的角力鬥爭，以及浪費人生的冗長決議中虛擲空耗，最終，人人皆是輸家。**

綜上所述，作者提出「六大社內政治力」：社內協調力、下屬掌握力、上司同盟力、社內人脈力、權力靠攏力、社外人脈力，由內至外，由上到下，推動工作，致力於讓公司接受建設性的提案與新事物；而取法自戰國時代的「五招暗黑兵法」：同盟作戰、諜報作戰、圍攻作戰、兵糧作戰，以及水攻法，則用於防禦敵人、保護自己、獲取公司內外影響力、提升工作自由度。

全書將大量豐沛的知識與祕訣，以邏輯性的架構分門別類，歸納出清晰易懂的守則。各章搭配圖解、實例、理論模型，化抽象概念為具體可行的步驟。每小節皆以實際案例生動說明如何依據不同狀況活用政治手腕解決問題，為未來的突發事件「買保險」，擘劃職涯願景與藍圖。

充足的實力和感恩的心～感謝有你（唱老歌），也許無法全權決定個人工作品質，當風向往哪倒，也只能當一球隨波逐流的風滾草。然而，學習當一位洞悉人性的辦公室政治家，則能以巧妙手法創造雙贏局勢，化被動為主動，玩弄同事、上司、下屬於股掌之間喔呵呵呵呵（被拖走），成為掌握工作自主權、決定人生走向的贏家！

——螺螄拜恩／人氣作家螺螄拜恩

Preface 前言

在無壓狀態下工作的辦公室政治研究

What Is Internal Politics?

社內政治力

職場上，你需要搞點政治：
辦公室政治教戰手冊

野心勃勃的三十歲A先生，就職於某間公司。

他非常渴望升遷，希望活躍於職場，備受敬重。他認為自己必須具備高人一等的工作技能，才不會輸給公司的其他人，因此好學不倦，拚命閱讀商務書籍，還進修取得MBA學位。

A先生逐漸累積了強大的工作技能，包括英語對話、文書處理、簡報技巧、專案管理、經營策略、商業模式等能力，他變得極有自信，認為自己的知識豐富到足以寫成一本教科書甚至去演講。在公司裡，沒有其他人具備如此完整的一套工作技能，因此A先生認為自己應負起教導的使命。他製作精美的簡報，經過多次的練習，成功完成一場演講——仔細介紹自學的商務理論。

然而，**即使A先生擁有多元的工作技能和多張證照，在工作上卻展現不出成果。在公司裡，他不但稱不上活躍，所有同事都不喜歡跟他一起工作。**A先生感到非常氣憤，認為現在這家公司程度太差、沒有未來，因此跳槽到其他公司。但是，他在新公司也只待了半年，**即使再換公司還是只做了三個月就離職**，而且總是默默一人攬下所有工作瑣事。

這個例子，改編自我的經驗和從身邊朋友聽來的故事，這是熱中於學習工作技能和考取證照的人最常遭遇的典型失敗案例。為什麼A先生擁有多項工作技能和專業證照，在公司裡的表現與影響力卻微乎其微？

答案是：光靠工作技能和證照是不夠的。

到最後，我們並不是比資料做得多精美或簡報能力多強大；聲音宏亮、能讓對方照自己的意思行動、**掌控權力的人才是贏家**。這個道理，無論在社會上或公司裡都一樣。**在會議上，「誰說的」比「說什麼」更重要**。即使你像教科書一樣說得頭頭是道、長篇大論，仍然敵不過有權有勢的董事或社長親信的一句話：

「以我的經驗而言……」

「我的經營哲學是……」

老實講，在這些掌權者和受其看重的人面前，商業書籍所教的技能根本一文不值。

我希望正在看本書的你，不要認為上述事實一派胡言或荒謬可笑。尤其倘若你身為主管職卻這麼想，那絕對永遠做不出成績，身心也會逐漸耗弱，最後像A先生一樣被孤立。接受這個事實，才稱得上是真正的職場人士，不，應該說是**「大人」**。認清事實後，我們必須思考不同於正面迎擊的戰略。無論你想繼續運用或摒棄過去所學的工作技能，都要學會這些戰略。

所以，是哪些戰略？就是本書將傳授的**「社內政治力」**。

從個人建立起新的工作方式

我在撰寫本書時，日本於二〇一八年六月通過《勞動方式改革關聯法》。其中受到關注的只有，以年收一千零七十五萬日圓以上的人士為對象所建立的高度專業制度，因此還是有不少人不在乎這項法律，置身事外。然而，我們面臨各種現在進行式的課題：勞動年齡人口隨著少子高齡化的趨勢而減少；勞動方式的需求應多元化，讓就業者兼顧育兒與照護高齡者的責任。除了政府未來將推動相關政策之外，個人也必須建立起新的工作方式。

我想有些讀者會對本書迂腐的書名《職場上，你需要搞點政治》感到不以為然。畢竟，《勞動方式改革關聯法》本身也是執政黨運用強大的政治力量而通過的，將二者相提並論，本來就有令人感到詭異的地方……「勞動方式改革」與「職場上，你需要搞點政治」乍看之下似乎是正反兩極的概念，其實道理是說得通的。

「勞動方式改革」的概念是，以新的勞動方式取代舊的勞動方式，轉變為以績效主義而非勞動時間來評估工作表現，徹底改變勞動者的工作方式，用更少的時間做附加價值高的工作。為達此目的，必須排除浪費時間的工作，提升工作效率，並將多出來的時間用來做附加價值高的工作。我們必須學習這樣的技能，在這當中最重要的便是「社內政治力」。

你聽到社內政治力時，會聯想到什麼？

與自己風馬牛不相及；心機重的人才會耍的手段；感興趣，但似乎很難……很多人會這麼想吧？

我踏入職場的前十年，也抱著一樣的想法：社內政治力與我無關，只要我有實力，不用靠這些手段，照樣能把工作做好。但是，等到我年過五十，在公司當到部門總經理，也有了自己的下屬之後，才理解到社內政治力非常重要。

我在十二年前升上部門經理時，才逐漸改變了原有的想法。部門經理、部門總經理、董事屬於公司管理職和領導者，被賦予明確的權限並進行決策。權限是指承擔多少工作、管理哪些部屬，以及如何運用資金等。

自從我升任部門經理，許多工作都不是只靠自己的判斷就能執行。升遷之前，我只要向直屬主管報告、聯繫、討論，就能完成工作。然而升上部門經理後，經常因為直屬的部門總經理、董事，以及跨部門的部門經理、總經理、董事的反對，耽誤工作進度，耗費大量時間在很簡單的事情上。由於許多事情遭到反對，我必須多次說明，來回溝通……這樣的作業不勝枚舉，導致工作效率極差。

我本著職責執行工作，卻受制於其他部門。我思考前因後果後，終於了解到**「在公司做事，部門間自然會形成利害對立的關係」**。各部門的掌權者之間自然而然會形成利害衝突，這是耗費時間的原因之一。因此我想了想，不妨一開始就協調利害關係，避免因利害產生衝突，也開始研究並落實相關的工作方法。

後來，我在工作上不必一直浪費時間重新來過，做事變得非常有效率。我將這一系列的技能定義為「社內政治力」，也就是辦公室的政治手腕，並傳授給部屬和公司外部的人。

6大社內政治力

接下來，我要說明社內政治力是由哪些力量組成：

①**社內協調力：**不招來其他部門反對，取得跨部門協助的能力。

②**下屬掌握力：**讓部屬乖乖聽話的能力。

③**上司同盟力：**與主管打好關係，獲得支援的能力。

④**社內人脈力：**不在組織內樹敵，廣結善緣，獲得協助的能力。

⑤**權力靠攏力：**強化與公司內外掌權者的關係，博取理解和信任的能力。

⑥社外人脈力：在公司外部的活動力。維持外部人脈關係，強化在公司內部的話語權。

首先，若想發揮社內政治力，就必須磨練自己的技能、思考、理念、策略，讓公司內部的人認為「這個人果然與眾不同」。而①～⑥的政治手腕，都是達到這個目的的必要能力。我會在序章綜合解說何謂「社內政治力」。

在辦公室政治中最重要的是①「社內協調力」，我會於第一章說明。接著，陸續在第二章說明②「下屬掌握力」、第三章是③「上司同盟力」、第四章是④「社內人脈力」，第五章則是⑤「權力靠攏力」。另外，為了養成①～⑤的手腕，除了活躍於公司內部之外，也要積極參加公司外面的活動，拓展外部人脈，我會在第六章介紹⑥「社外人脈力」。

我目前在日本金融機構兼任資訊技術部與行銷企畫部總經理，二十年前即以教育評論家和管理顧問的身分研究職場技能，不僅講課、出書，也在雜誌上連載文章。至今已出版過九十本以上的資訊技術與職場技能相關書籍，雜誌連載和網路文章也超過四百篇。本書是我第一本以「社內政治力」為主題的書，希望與大家分享從我的自身經驗所得到的知識和智慧。

本書所瞄準的核心讀者是，升上管理職或成為領導者後感覺工作不順遂的人，以及想要學習辦公室政治來繼續往上爬的人。此外，為了讓社會新鮮人和踏入職場二到三年的人也能看懂，我盡量以平易的文字來說明。

看完本書，你就會知道辦公室政治並沒有那麼難。而有些部分光靠理論和解釋其實很難了解，因此我會搭配案例來說明。這些全都是真槍實彈的例子，來自我的個人經驗，以及其他部門、公司的朋友所分享的故事。我相信，每則例子都會讓你點頭如搗蒜、心有戚戚焉。

請以輕鬆的態度翻閱並實踐本書，將書中內容內化為自己的知識。不到幾個月，你便能實際感受到**「工作變自由了」**，職場生活也會比現在更充實、沒有壓力，而且更快樂。我相信唯有愈來愈多的公司和個人有這樣的轉變，才能完成真正的「勞動方式改革」。

蘆屋廣太

二〇一八年九月

Content 目次

What Is Internal Politics?

社內政治力

職場上，你需要搞點政治：
辦公室政治教戰手冊

Content 目次

第1章 社內協調力

洞察利害關係，控制權力平衡

第2章 下屬掌握力

透過改造思想，培養部屬的戰力

第3章 上司同盟力 擺平慣主管，讓他倒臺

第4章 社內人脈力 建立公司內部網絡，資訊任你搜刮

第5章 權力靠攏力

逐步改變掌權者決策方向的祕訣

第6章 社外人脈力 利用公司外部的暗器，翻轉公司內部的輿論風向

附錄 「團隊管理法則」範例

Prologue 序章

社內政治力——6大社內政治力與5招暗黑兵法

What Is Internal Politics?

社內政治力

運用社內政治力，提升工作自由度

培養社內政治力會帶來許多好處，至於是哪些好處，我會在後面詳加介紹，但最大的益處是「提升自己的工作自由度」。

每個人都希望工作是快樂而非痛苦的；希望準時下班，不必加班到很晚；希望能在工作之餘做自己的興趣或應做的事情。你一定希望可以不要有壓力，如期完成工作，在職場和私生活都活出充實的人生吧？我也一樣。我踏入職場三十年，教授職場技能二十年以來，始終抱持著這樣的想法。

目前，我在日本財閥企業擔任總經理，沒有因為工作壓力過大而身心俱疲，基本上都是準時下班，晚上與公司內外人士聚會交流；週末則回到自己的小木屋，與家人、愛犬、愛貓聚在一起，或者爬山、散步，順便想想公事，寫寫雜誌的連載文章。我認為能像這樣，**在沒有過大壓力的狀態下，維持上班工作兼顧週**

末寫文的作息，就是「提升工作自由度」，而我也一直這麼做。

在職場上，沒有「絕對會成功」的做法，但有些方法可以「在短時間內完成工作」「工作不必重做」「提案不會遭到眾人反對」「讓部屬乖乖聽話」「幫助主管有所作為」「使其他部門樂於伸出援手」。

「正攻法」絕對得不到自由

讓我們更具體地思考何謂工作自由度。從工作自由度低的狀態去切入會比較好了解。

工作自由度低，指的是工作無法如自己所願進行。造成這種局面的最主要原因就是「相關部門反對，不願合作」。其他原因還包括「使喚不動部屬」；「與主管不和，得不到協助」；「在公司內樹立太多敵人（或朋友少），得不到幫助」；「與公司掌權者的關係薄弱，無法博取理解和信任」等。只要改善上述幾點，就能提升工作自由度。

而社內政治力可以幫助你提升工作自由度。我們再來複習一遍前言提過的六種社內政治力：

① **社內協調力：**不招來其他部門反對，取得跨部門協助的能力。

② **下屬掌握力：**讓下屬乖乖聽話的能力。

③ **上司同盟力：**與主管打好關係，獲得支援的能力。

④ **社內人脈力：**不在組織內樹敵，廣結善緣，獲得協助的能力。

⑤ **權力靠攏力：**強化與公司內外掌權者的關係，博取理解和信任的能力。

⑥ **社外人脈力：**在公司外部的活動力。維持外部人脈關係，強化在公司內部的話語權。

我花了二十年研究、實作，並教授以上方法。邏輯思考、寫作能力、簡報技巧是改變行為的基本能力，當然有必要好好培養這些能力，然而光靠這些還是不夠。例如，有些人不擇手段，費盡心思「要下屬對自己言聽計從」「要主管肯定自己」「要周遭的人認同自己的能力」，面對這種較強勢的人，必須用點方法來改變他們。也就是說，必須運用**「權謀術數」**。這個詞通常給人骯髒又冷酷的印象，與「辦公室政治」有著密不可分的關係，這也是眾人忌諱辦公室政治的主因。

然而，除了自己的利益，站在團隊利益和公司利益的立場，我們不應否定辦公室政治的重要。實際上，這些方法是可行的，本書所要告訴各位的便是相關思維與技巧。我在書中將這些方法命名為**「暗黑兵法」**，並一一解說。對於那些會使用勢力陷害自己的人，僅用純潔無瑕的「正義」或理想去對抗是不可靠的，在這種情況下，暗黑兵法能發揮效用。

除了一般的職場技能，也必須學習暗黑兵法，均衡發展能力。

「5招暗黑兵法」的基礎要素

在職場上，我們可能與他人站在對立的立場，甚至遭人惡意阻擾工作進度。公司裡也有些人喜歡批評自己討厭的人、為了升遷故意妨礙競爭對手的工作，或者破壞他人名聲，攻擊對手。

公司裡不只有好人，也有為了追求自己的績效，有意識或無意識地利用他人、踩著別人的屍體往上爬、瞧不起人的「骯髒員工」。尤其隨著在公司的職等和地位愈高，升遷變得愈競爭，骯髒員工也就更多了。為了在這種環境下提高自己的工作自由度，**必須具備能保護自己和下屬的高度攻擊力與防禦力**——這個力量就是暗黑兵法。

暗黑兵法其實是一種很危險的力量，我建議平時或非必要時盡量少用，應以「和平」為前提來運用，包括去抵抗那些為了維護自身安全和名譽、滿足自我慾望而採取惡意行為的對手。使用暗黑兵法的目的，無非是讓「狡猾」「心懷不軌」「卑劣」的對手失去力量。

我融合了戰國時代的戰術，提出下列五項基本的暗黑兵法：

1. 同盟作戰：與多數派結盟

這個作戰法是連結公司內部主要部門的關鍵人物，與其攜手合作，不輕易提供敵人工作上的協助，讓利害關係與自己對立的人無法如願以償。

2. 諜報作戰：運用資訊，帶動風向

刻意在公司內散播對方有多下流、狡詐、自私自利等負面消息，藉此打擊對方的名聲，奪去其力量。也可以散布相關資訊，讓原本說NO的對手，改口說YES。

3. 圍攻作戰：在會議上偕同眾人壓倒對方

這是以多數壓倒對方的攻略。開會時，與公司內的人脈或利害關係一致的其他部門關鍵人物結盟，讓多數人與自己站在同一陣線並孤立對手，使自己的意見獲得贊同，運用多數的力量來克敵制勝。如此一來，沒有同盟又被其他部門圍攻的對手，便很難繼續反對。

4. 兵糧作戰：斬斷對手的資源來源

這個手段是與資源供給來源（資金＝會計部、人力＝人事部）合作，停止或減少提供資金、人力及其他經營資源。資源短缺的對手將會因此動彈不得。

5. 水攻：藉掌權者之手施以高壓

讓公司掌權者（社長、董事）向對手下達工作指令，是破壞力最強的手段。雖然用來消除對立很有效，但使用太多次的話，會招致對手怨恨或引起公司內部不悅，最後可能會被反將一軍，因此我建議不要常用這一招。

運用這五招暗黑兵法，便能獲得辦公室政治力量。使用得當，你會感受到該能力明顯提升。

明槍只能留給掌權者用

在辦公室政治中，許多情況是有理說不通的。

這種時候，攻擊對方的弱點是基本法則。如果說「正攻法」是從城堡的正門進攻，那麼「後攻法」就是指從後門進攻——不曉之以理，而是運用密技、奇招推動工作的作戰法。暗黑兵法正是後攻法。

許多時候，能曉之以理而讓新工作或新案子有所進展的人，恐怕只有社長或董事等掌權者。大多數人必須消除利害衝突才能推動工作。暗黑兵法可說是突破公司內部障礙的戰略。我認為提升社內政治力的第一步，便是暗黑兵法。

接下來，我要說明在什麼情況下必須用到暗黑兵法。

在職場上，我們當然會希望他人（主管、部屬、其他部門同事、客戶等）照著自己的意思去行動。然而我們要知道，有些人容易「改變」，有些人則不，因此必須思考如何去改變他人的行動。主管有權力命令下屬，可以輕易改變部屬的行為；但想要改變有權力下達命令的人、地位更高的長官，或者客戶等立場較優勢的人，就不是一件易事了。

有些主管個性自我，不顧部屬的建議，經常獨斷獨行。遇上這種作風強勢的主管，就算部屬的企畫內容再好、邏輯再清晰，也難以說服主管，因此需要採取暗黑兵法。如果想說服不信任部屬、一意孤行的主管，由部屬單獨解釋是行不通的。這種時候，應該運用團體作戰（圍攻作戰；四〇頁），跳脫主管和部屬的上下關係，籠絡前輩、與主管關係密切的高層、相關部門中的關鍵人物，事先曉以大義，共同思考如何讓主管就範。

我經常運用這個方法。我在說服主管時，會先拉攏相關人員，讓他們認同我的想法，甚至策略性地讓他們反對我，我再完美地反駁回去……利用各種技巧，避免主管獨斷專行。

拉攏他人共同說服主管的戰略，不只是我，更是世人常用的手段。想要獲得旁人的協助，很重要的是必須曉以大義——**讓他們知道為了公司好，有必要說服獨斷專行的主管，也讓他們感受到你的努力和熱情，想對你伸出援手。**

社會和公司都不是「無菌室」

看了上述說明，有些和平主義者或正義感較強的人，應該會對詭計多端的暗黑兵法很感冒吧？

我想再次強調：社會上和公司裡並非只有好人。有的主管或高層只顧自己的績效；有些部屬獨善其身；也有其他部門的負責人為了保全自己，什麼忙都不幫；尤其是一心想往上爬、追求個人績效的人，更是爭功諉過。你或許會認為這種人的心態非常不可取。但是，人人都有自己的理由、正義、道理。當然，我們必須屏除職權騷擾這種違反企業規範的行為，然而，**只要社會和公司是以營利為目的而運作的組織，就必須釐清功勞該歸給誰、失敗該由誰負責**，這也是事實。社會和公司都不是僅充滿美好事物的「無菌室」。

社會和公司都不可能是無菌室，必定存在著一定的細菌，只會感嘆環境害了自己是無濟於事的。我們不應抱怨，而是接受這個可能會傷害自己的環境，思考防禦對策，避免細菌入侵。反過來講，我們也要**「用細菌攻擊細菌」**，避免組織、部屬、自己受害。

某間公司有一位令人頭痛的主管。

這位主管命令好幾名下屬調查各種資料，蒐集對經營層有價值的資訊（例如暢銷商品或服務的資訊），再以e-mail向經營層報告。

但是，這位主管並不感謝部屬，向上層說明時，一副資料都是親自蒐集的樣子。知道真相的部屬雖感到憤怒又氣餒，卻無法向主管抱怨，直接告訴經營層也會惹怒主管，絕非好辦法。

其中一位部屬黑澤（以下故事主角皆為化名）認為再這樣下去會失去工作動力，於是想了一個方法。

黑澤利用公司的提案制度，提出「強化資深員工與新進人員的資訊蒐集能力」，建立資訊流通制度，讓資深員工與新進人員都可直接向全公司分享消息。

結果，這位主管變得愈來愈沒必要寫e-mail向經營層報告消息，也漸漸不再命令下屬去蒐集資訊。

這個方法是，**讓原本可以使主管得到讚賞的「資訊」變得沒有價值**。這位主管希望藉由提供資訊給經營層而獲得評價，然而黑澤透過除去資訊的價值，使主管無法獨攬功勞，可說是兵糧作戰（四〇頁）的例子。

有些主管會讓部屬苦不堪言。對這樣的主管講道理，求他「能不能不要再這樣對我們了」，無法解決問題。面對這樣的主管，必須使出撒手鐧，讓他們停止不合理的行為。

社內政治力能克服公司內部摩擦

社內政治力會對公司內的相關人員（直屬主管、下屬、相關部門負責人、管理階層、領導者）產生影響，是有助於推動工作的綜合能力。簡單來講，就是在公司內部「順利執行工作的能力」。隨著勞動方式改革，順利執行工作的能力變得更為必要。

為什麼？

之前也提到，勞動方式改革是指不以勞動時間，改以績效主義評鑑員工的制度，鼓勵員工改變工作方式，花更少的時間去做附加價值高的工作，因此需要新概念、新技術等「全新的事物」來達到這個目的。

然而，**許多公司對於放棄傳統、嘗試新事物，通常採取保守的態度。**

「沒有前例可循。」
「太過嶄新，不可能順利推動。」
「萬一失敗，該怎麼辦？」
「保證一定能成功嗎？」

展開一項新工作時，經常會面臨許多障礙和困難，而社內政治力有助於克服這些阻礙。即使公司由上往下提倡勞動方式改革，作業現場也要求創新的工作方式，然而，公司內部自然會面臨利害關係對立的局面，因此光靠這些力量並無法成功推動勞動方式改革。

另一方面，隨著改革的進行，產生利害衝突的機會更多，所以才需要「社內政治力」與其技巧「暗黑兵法」來協調利害關係。

「選票比子彈更有力」——社內政治力，只能用來創造和平

我希望大家能將社內政治力當作是提升工作自由度和工作效率的手段來使用。過度使用會產生危險的力量，可能導致惡意構陷他人、剝奪他人的影響力、損害他人的名譽。因此，我只在有「正當理由」時才會使用這些力量，並稱之為「創造和平的社內政治力」。

大家通常會厭惡為己利而使用社內政治力的人。運用社內政治力的人，若在工作上一帆風順，當然相安無事，然而只要稍微面臨一點困境，往往會被大家圍剿，甚至名聲敗壞。

「他就是因為做了骯髒事，才會落得這種下場，真是自作自受！」

「他本來就有很腹黑的一面吧？難怪會這樣。」

「誰叫他陷害別人，才會嚐到惡果！」

為了避免自食惡果，請堅守道德，將社內政治力用來創造和平、推動工作、解救他人困境、幫助社會和世人。如此一來，就算在工作上面臨困境，也不會遭到旁人落井下石，反而可以得到幫助。這才是辦公室的政治家，不，即使出了辦公室，也可謂具備真正的政治家風範。

Chapter 1 第1章

社內協調力——洞察利害關係，控制權力平衡

What Is Internal Politics?

社內政治力

協調利害關係，是獲得社內政治力的第1步

在職場上，必須在一定期間內運用有限的人力（直屬部屬或相關部門人員）與資金（經費）來執行工作，達成目標，獲得成果。也就是說，設定成果目標與時間限制都要用到人和錢。管理階層和領導者擁有權限去判斷該如何執行工作、歸責、管理，並解決問題，避免失敗。

公司裡又分為許多部門：企畫並研發商品或服務的部門與進行銷售的部門；針對商品回答客戶問題和處理客訴的部門；管理資金的會計部；研發資訊與通信科技（Information and Communication Technology, ICT）的系統部門等。這麼多的部門各有掌握權限的經理、總經理等主管職，以及團隊領導者的高層。

公司裡眾多主管和領導者透過彼此的行動來達成經營目標，這樣的行為與辦公室政治有著密切關係。雖然各部門的主管和領導者對於公司的經營目標和實現

目標的手段，整體而言具有共識，但經常因細部做法不一致而產生對立。例如，公司為了解決主力商品銷售量下滑、利潤減少的問題，提出的經營目標是供應附加價值比競爭對手高的商品，以增加營業額和利潤。整體來看，沒有管理職和領導者會反對這個經營目標，因為這是公司解決經營課題的整體策略。

然而，細節又是如何呢？各部門間產生對立是常見的情況，也是在公司裡很難做事情的原因。例如，對某位主管和領導者而言是正確的判斷，對其他部門的主管和領導者來說可能不是那麼有利。這樣的狀況一般稱之為組織衝突（利害對立）。衝突一發生，工作就會受阻礙而無法實現目標。為此，我們必須解決利害對立的問題，這就是**「社內協調力」**。

只要是組織，自然會不斷產生對立

在這裡，我希望大家理解，利害衝突的產生並不是任何人的錯，而是因為各部門主管和領導者必須完成各自的使命（mission）。**公司所有人都抱持使命感，想要做好工作，卻產生衝突，導致工作陷入停滯狀態。**我稱之為「自然發生的衝突」（自然的對立）。當自然的對立發生時，責怪、抱怨他人有錯或不合群，都無法解決問題。在職場上，必須了解何謂自然的對立再採取行動，也就是協調對立以消除衝突。

我將社內協調力定義為以下一連串的作業：

事先掌握與協調公司各部門利害關係人的意見、批評、要求，使相關人員達成協議，達到工作上的目的。

各方利害關係人的立場互異，利害點也不同。立場互異的人即使擁有共同的最終目標，也會由於過程中的小目標不同而有不一樣的主張、意見、批評、理由，這就是形成利害對立的主因。

立場互異指的是像以下部門之間的關係：

- 商品企畫部與商品研發部
- 業務部與製造部
- 企畫部與會計部或法令遵循（compliance）部[1]

商品研發的過程中，商品企畫部與商品研發部的想法和意見在整體上一致，都是團結合作，打造出符合顧客期待的優良商品、暢銷商品，以及消費者樂於使

1．**法令遵循（compliance）部**：負責監管查核各單位業務對法令遵循之情形。

自然發生的衝突概念圖

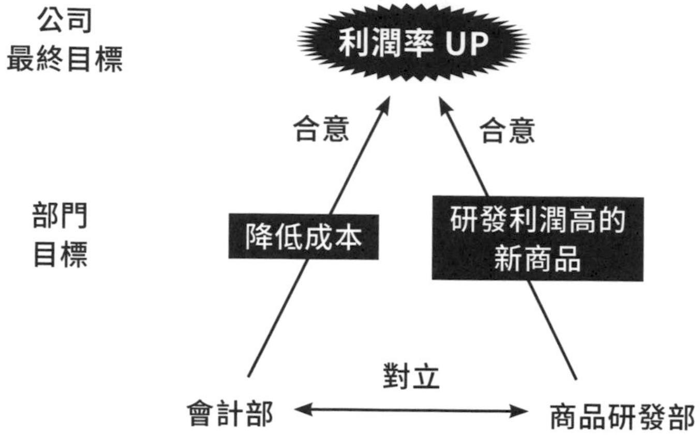

用的商品，創造雙方的共同利益。

但是，組織的特性就是容易在細節上產生對立。例如：商品企畫部主張在短期內研發好用的商品功能並且順利上市；商品研發部除了無法符合企畫部的要求，也不可能在短期內做出產品……這樣的立場差異即造成雙方利益對立。

因此，溝通與協調各部門因立場互異而自然產生的利害對立，並去克服利害衝突，創造全體相關人員的最大共同利益，非常重要。

沒有社內協調力的領導者，將自生自滅

我想很多人聽到「社內協調」這個詞會覺得麻煩、做不來。我在公司組織內工作了近三十年，年輕的時候認為社內協調既麻煩又荒謬。

「公司全體都朝著同一個目標邁進，何必進行什麼社內協調？」

然而，我升上主管職之後，反而認為社內協調是很合理的行為。若社內協調做得不夠透徹，你所推動的工作和決定好的企畫不僅無法順利進行，整個企畫案也可能被打入冷宮，或者在正式場合（企畫會議或營運會議）上遭到反對。**再棒的企畫和創意，只要在正式場合被貼上「行不通」的標籤，便永無翻身之日。**

某製造商的新商品企畫課前田副理為了提升公司業績，決定提出全新的商品研發企畫。他參考其他公司的企畫案，在企畫會議上發表自己想到的新商品。

然而，製造新商品必須投入前所未有的新作業，風險較高，因此製造部在會議上予以反對。前田副理的創意當場遭到否決，所以用情緒化的發言加以反駁。製造部的負責人和副理聽了之後更是反對，導致前田副理的心情惡劣，益發固執己見。那場會議在吵吵鬧鬧中結束，沒有任何結論。會議結束後，前田副理恢復冷靜，雖然與製造部處於對立狀態，但少了他們的協助，案子無法執行。他重新檢討製造方法，修正企畫案，避免造成製造部的負擔，然後再次向相關人員說明新企畫，但製造部依舊沒有點頭答應。由於彼此傷了和氣，製造部始終反對前田副理。

最後，前田副理的企畫被公司內多數人認為是「遭到製造部強烈反對，且難以實現的企畫」，並正式將本案打入冷宮。

後來，前田副理竭盡所能試圖讓企畫案通過，卻沒有部門願意提供協助。「幫忙只是白費力氣吧！」公司內的人產生了這樣的想法。

上述故事，是許多公司經常發生的失敗案例。前田副理在公司內部的影響力大幅降低。

造成前田副理失敗的原因是什麼？就是缺乏社內協調力。前田副理除了獨自思考新企畫之外，也應預測這個企畫「會對其他部門的利害關係人造成什麼影響？」「利害關係人會如何反應？」等等。也就是說，他必須分析會不會造成他人的負面觀感，進一步思考應對與推動的方式，這一連串的作業即社內協調。

工作上一定會發生利害衝突，絕對有必要進行社內協調，不能嫌麻煩。社內協調不是荒謬的作業，而是完成工作的必要過程之一，絕對有其必要且極為合理。

社內協調力＝影響力＋情報力

我在前面已經說過，在公司工作，部門間、主管與部屬間，自然會產生衝突。可以沒有衝突、順順利利完成工作是最好的，畢竟這麼一來工作不必重做，也不用開倒車。然而，很難從一開始到最後都沒有產生任何衝突，順利完成工作，某些地方一定會有所衝突，所以要及早協調利害，消除衝突。

積極進行社內協調還會為你帶來附加好處。例如，當你主動解決組織間的對立，別人便會認知「這個人的問題解決能力很強，遇到困難可以找他」，因此增加對你的信賴度，提升你的「影響力」，讓你成為辦公室政治的贏家，在公司內獲得高評價。如此一來，當公司內發生問題，即使你不是直接的利害關係人，別人也會找你商量，請你共同解決問題，那麼你就能得到許多公司內的情報。**解決別人的問題後，你的影響力又會大增，掌握更多情報，繼而形成「提升影響力」的良性循環。**

我在公司裡也會積極進行社內協調。我之所以這麼做，其實是想提升工作自由度，而非增加影響力。然而，由於我想要提升工作自由度而採取社內協調這個手段，最後也為我累積了在公司內部的影響力。

當然，你也可以為了提升自己在公司裡的影響力，積極進行社內協調。無論目的為何，社內協調力可以提升自我價值，練就強大的職場武器。

進行社內協調時，一定會用到暗黑兵法。

對付惡意混淆公司內部視聽的下流員工

有二個主因導致公司內部產生對立。第一是，為了公司、組織，以及讓自我能力獲得肯定的過程中所產生的對立，這可說是正當理由所引發的對立。另一種是，為了保全自身安全和名譽、為了滿足自我慾望而採取惡意行為所導致的對立，這種情況是「狡猾」「惡意」「卑鄙」的理由所引發的對立。例如，為了破壞他人名聲，在公司裡貶低自己的眼中釘、阻撓升遷競爭對手的工作。

面對後者這樣的人，領導者必須「硬」起來。然而，有時候也會因為他人的手段太下流而贏不了對方。不過，一旦輸了，對方很可能會沾沾自喜而採取更狡詐的攻擊。因此領導者的責任是，**就算贏不了也不能輸，必須打成平手。**為了贏過骯髒的對手或與之打成平手，不能僅靠正面迎擊，必須適時運用暗黑兵法。

B廠商的業務部佐山董事，是一位在公司裡很有影響力的執行董事。這位董事年輕的時候就很有野心，工作能力相當好，也順利爬到高層，被視為董事長接班人。

當時，B廠商業績衰退，正與新通路C公司和銷售代理商洽談，負責這項任務的是業務部佐山董事的下屬高山經理與商品研發部的岩田副理。他們二人與C公司交涉，但高山經理的態度消極，不願在價格和條件上讓步，導致交涉觸礁，甚至觸怒了C公司。

這項交涉是在董事長的指示下進行，因此佐山董事相當憤怒。他對公司內部表示，交涉失敗應由商品研發部的岩田副理承擔。他打算利用公司內部人脈帶動輿論風向，讓岩田副理負起責任。

不過，這其實是高山經理的計謀。他向佐山董事報告時，故意扭曲事實，說自己沒有責任，把錯統統推到岩田副理身上。佐山董事相信他的說詞，轉而責怪岩田副理和其主管。佐山董事為了究責，召集相關人士開會，希望在正式場合上讓岩田副理負起全責。

結果如何？岩田副理事先調查了佐山派的計畫，思考對策，在會議前天晚上與下屬一起熬夜，依據錄音檔製作了長達十頁且鉅細靡遺的交涉紀錄，以此突襲佐山董事和高山經理。

看到報告的佐山董事惱羞成怒，責備部屬高山經理。這次事件不久後，高山經理被調到鄉下的營業所。佐山董事為了避免與岩田副理再次發生對立，幾年後也調動至子公司。

記錄事實可以保護自己、下屬、組織，像這樣使用撒手鐧防禦他人胡亂的攻擊，也是辦公室政治所不可或缺的行動。

社內協調3步驟

接下來我要介紹自己在公司落實，且傳授給部屬超過十五年的社內協調法。

Step 1　掌握相關人士的利害

Step 2　分析利害

Step 3　協調利害

落實社內協調的第一步是，搞清楚公司內部誰是利害關係人、牽涉到哪些利害，也就是 Step 1 的「掌握相關人士的利害」。

✝ Step 1　掌握相關人士的利害

利害會隨著時間和情況而改變，因此必須隨時掌握最新的利害資訊，預知狀況，進而預測未來的利害。以下透過例子來說明：

某公司業務部有一位大田副理，其主管草加經理對他下達指示：「思考如何讓產品的營業額增加一〇%？」大田副理左思右想，最後希望購入五百萬日圓的新營運分析工具，來詳細分析目前的營運數據。而公司的支出必須得到會計部的核准，他請部屬山下主任去探聽後，得知會計部反對採購新工具。

以此案例的利害情況來說，利害關係人是「業務部（我方部門）和會計部」，利害則是「業務部欲採購營運分析工具，而會計部予以反對」。

利害情況

- 利害關係人＝業務部（我方部門）vs.會計部。
- 利害＝業務部為了提升業績，欲採購五百萬日圓的營運分析工具，但遭會計部反對。

+ Step 2　分析利害

接下來是分析利害：詳細調查 Step 1 掌握到的利害情況，彙整所蒐集到的相關人士利害，思考該如何處理個別狀況。基本上就是全面考量所有相關人士，具體思考：①誰會有什麼樣的意見；②為什麼（理由）；③分析所需情報。

取得情報的方式包括直接詢問當事人，或間接詢問利害關係人的部屬、主管等與他親近的人。捲入利害中的當事人和其周圍的人可能不會說出真心話，因此必須向不具利害關係的第三人打聽當事人過去的行為，推測現階段的利害情況。

這個時候，應避免在蒐集情報的階段與利害關係人產生對立。因此，我整理出下列六點，並稱之為協調利害的基本態度：

6種協調利害的基本態度

①尊重對方的立場。

②避免做出傷害對方自尊的行為（不否定、不拒絕）。
③保持客觀（不情緒化或發表主觀言論）。
④聽取對方的意見（深入了解對方，引發他的共鳴）。
⑤凸顯彼此的共同利害（業績好壞等），並經常保持這樣的立場。
⑥與對方有利害衝突時，詳細說明理由（提供資訊）。

這六種態度或許看起來簡單到不行，但其實相當重要。我在過去的職場經驗中發現，擁有社內協調力的人都符合這六種心態中的多項敘述。我深刻感受到，隨著晉升為經理、總經理、董事，具備這六種態度的人愈來愈多。反之，不善於協調利害、失去相關人士的信賴、缺乏影響力的人，都沒有做到這六項中的絕大部分。他們即使有足夠的學識和商務能力，卻還是失敗。

讓我們再回到案例：

大田副理調查相關人士的利害情報後發現，會計部的馬場主任除了反對之外，也提出自己的看法：

「最主要是引進後的成效不明確。五百萬日圓的投資成本，究竟可以增加多少營業額和利潤？如果能提出相關數據，就會往上呈報給主管（經理、總經理）。」

從這裡可以了解到，會計部經理和總經理還不知道這項採購案，而是由承辦人的馬場主任以正當理由（投資效果不詳）將案子擋下。若是如此，只要提出明確的投資效果，再次向馬場主任說明，這個案子就能順利呈報給經理和總經理……

你會這麼想吧？然而這只會發生在「講道理」的世界。**應該曉以大義？還是祭出撒手鐧？**在分析利害的階段中，也要思考這一點。

這時，應該具體調查對方的「為人處事」。例如：馬場主任是個性直率的人？還是喜歡省事，會隨便找個理由延宕工作的人？他的直屬經理又是什麼個性的人？會使出下流手段嗎？那麼總經理呢？調查對方的內心想法時，直接跑去詢問當事人，本人很可能不會說出真心話，因此應向第三者（其他部門中值得信賴的人，並且平日會與會計部來往的人）打聽消息。

> 向值得信賴的人探聽消息後，大田副理得知會計部的馬場主任在工作上是一個明事理的人，但其主管大下經理是「成本導向思維」，極可能反對此採購案。
>
> 而會計部的總經理是董事候選人，傾向於站在整體營運的觀點來判斷，而非僅考量部門利益。

✝ Step 3　協調利害

所謂協調利害是指溝通與協調對立者之間的利害，或預測哪些利害會造成對立，事先採取行動來解決。在這個階段很重要的是，全盤公開我方利害會導致協調失敗。之所以產生利害對立、陷入僵局，在於只主張我方的需求（好處），忽略對方的需求。為了避免這樣的狀況，能妥協的部分就盡量妥協（主動積極的妥協），不要貪得無厭。最後若能滿足利害關係人的需求，就能順利消除對立。

然而，若利害關係人冥頑不靈、固執己見，就要「利用情報，進行引導」，意指提供利害關係人各種資訊，引導對方改變判斷，也就是「諜報作戰」（三九頁）。

釋放消息，讓原本說NO的人改口說YES

舉例來說，希望公司通過新產品的企畫案時，預想反對部門的利害關係人會說NO，並想辦法讓他們改說YES。諜報作戰有二種：一是將消息直接告知當事人，二是刻意透過第三者在公司內放消息讓當事人聽到傳言，二者都是利用資訊，使原本說NO的人改說YES的手段。讓反對方知道他的主張有什麼缺失與我方主張有哪些優勢，提供各種資訊非常有用。也就是說，**提供新的判斷資訊，顛覆對方說NO的判斷根據**。

人的判斷是有憑有據的，我們可以翻轉根據，讓對方說YES。例如：要委託他人一項工作，對方卻回「很忙，無法幫忙」時，可以告知「拖太久的話，工作量會愈來愈多」，說明**「他的決定會對自己造成不利」**；接著提示「現在接下這個工作，別人對你的評價會變高」，讓對方知道**「現在動工才能得到好處」**。當然光這樣講，對方或許不會立刻點頭說好，但只要讓他產生「是喔，或許吧」的想法，就可能逐漸改變其判斷。人是在複雜的利害中進行判斷。提供對方新的資訊，可以讓他累積更多的判斷依據，他所獲得的資訊可能在某個時機點發揮作用，繼而使他改變判斷。

那麼，我們再回到會計部大下經理的案例。

如果繼續用道理說服，大下經理可能還是不會改變決定，堅持反對到底。畢竟我們已經知道他是成本至上主義者，因此最好事先預設最壞的結果——即使明確分析投資效果，大下經理也會以不確定實際上能否獲得這樣的成效而反對……「進行準確度更高的成本效益分析」並不是一個協調利害的好方法。因為就算提供再詳細的分析報告，對方也會認為不過是預測，缺乏鐵證。這麼一來只是浪費時間，永遠無法引進營運分析工具。若無法引進該工具，大田副理就無法實現主管的命令——提升業績。這種時候，可以有效協調利害的撒手鐧，就是召開業務部總經理與會計部總經理共同出席的會議，主張引進分析工具可以解決營運問題。

「想要提升業績，預測成效固然重要，但也必須保持速度感，不斷嘗試新事物，否則只是空費時日，喪失市場先機，導致公司錯失未來的成長機會。這麼一來，**經濟上蒙受的損失將超過二億日圓！**站在營運觀點，我們必須進行簡單的成效預測後，以更快、更有效率的方式來處理本次的採購案。」

會計部總經理若能同意是最好，但若反對的話，就召開多部門總經理級會議，進行多數表決，以多數決（圍攻作戰；四〇頁）進攻，藉由總經理層級的多數高層立場偏向我方，與我方擁有共同利害來使決議通過。若這樣也行不通，就採取水攻（四〇頁），搬出董事擊垮對方，長期抗戰直到勝利為止。基本上我就是這樣進行社內協調，成功推動許多新企畫。

另一方面，會計部大下經理可能會震怒於「業務部大田副理在總經理面前擅自決定」，而使用下流手段擋下採購案。這種時候，我方也要祭出暗黑兵法（兵糧作戰；四〇頁），由業務部總經理對會計部總經理提議「由於此案關係到公司未來的成長，最好由總經理層級的人員決策」，讓會計部大下經理的權力變得毫無用武之地。若會計部總經理不同意，則照前述說明，召開總經理級會議，以多數決（圍攻作戰；四〇頁）通過決議。

在這樣的情況下也不必過度攻擊大下經理。雖然可以利用暗黑兵法指責他「缺乏營運判斷能力」（諜報作戰；三九頁），但畢竟他只是以降低成本為上，並非想要傷害公司。**最好的方式是，在對方沒有察覺的狀態下，讓他失去影響力**，才是暗黑兵法的正確用法。

Chapter 2 第2章

下屬掌握力——透過思想改造，培養部屬的戰力

What Is Internal Politics?

社內政治力

職場上，你需要搞點政治：

辦公室政治教戰手冊

如何在「講求速效」的時代教育部屬

「勞動方式改革」的目的是停止無謂的作業，提升工作效率，用多出來的時間去做高附加價值的工作。無謂的作業像是花時間向主管說明、進行內部溝通、讓經營層認同新企畫等等。我已經說明過，我們必須大幅減少這類耗費時間的作業，而社內政治力是達到此目的的必要方法。

現場的部屬往往會面臨下列三個問題而備感壓力：

- 必須在短時間內達到高品質的產出。
- 必須從事附加價值高的新工作。
- 為了順利推動新工作，必須進行更多的社內協調。

第一個問題是在勞動方式改革下，對工作時間的看法改變了。加班時間減少，現場作業的時間也變少，但可不是一句「工時減少導致品質下滑」就能搪塞過去。公司或許會說「時間變少了，工不用細，速度最重要」，但現實可沒那麼好混，**絕對不能「因為沒時間，所以顧不了品質」**。作業現場所獲得的評價來自於產出，成品差的話，作業員一定會被要求在有限時間內提升品質，在短時間內達到高品質的產出。

第二個問題是附加價值高的新工作對作業現場的影響。這類工作會帶來全新的事物與挑戰。但也由於是全新且未知的領域，所以並不存在於現場部屬的頭腦中，即使再怎麼認真思考，還是難以針對不存在於頭腦中的事物想出個所以然來。

第三個問題是必須進行更多的社內協調。公司這樣的組織通常對於放棄原有步調、踏入新領域一事抱持反對的態度。想讓公司內部接受新事物，會面臨許多阻礙，要克服這些阻礙，勢必伴隨著種種困難。若部屬沒有克服阻礙的能力，便無法推動工作。

那麼，該如何運用社內政治力來解決這三個問題呢？

放任部屬會毀了整個團隊

勞動方式改革有助於提升個人的生產力，我認為值得鼓勵。但是，這會成為工作現場的重大負荷。若無法正確指導部屬，對他們的心理和生理會造成許多壓力，逼得他們喘不過氣。在這樣的情況下，如果主管將裁量權交給身為團隊成員的下屬，會遭遇種種阻礙與災難，導致工作不順。最後，下屬的壓力指數升高，有些人便不想做事，甚至反抗、與主管作對，導致團隊分崩離析、自生自滅。

此時，主管應負起責任，思考推動工作的戰略和技術，讓部屬徹底執行，使團隊同心協力完成工作。具體而言包括「不做無謂的工作」「重視工作的速度感」「吸取他人的智慧」「借助他人的力量」。這些都能透過本書所說明的社內政治力具體掌握。也就是說，**培養部屬的「社內政治力」很重要。**

部屬或許會固守舊的工作方式，而不願採納新的工作方式，即「社內政治力」，並要求主管讓自己自由發揮。然而，這樣的做事方法很難在未來的時代獲得成果。**主管應與部屬共享想法、培育下屬，使團隊的工作品質一致。**

「知識重建」能促進成長

主管的職責是發掘團隊各成員的能力，並強化其不足之處。

過去所學的事物中，有些在未來也能派上用場。但重要的是檢視至今所學的事物，歸納為三項類別：①能繼續運用的能力、②須更新的能力、③應學習的新技能，並與部屬取得共識。彼得・杜拉克（Peter F. Drucker）說過：

「知識管理的大前提是學習（Learn）、再學習（Re-Learn）、摒棄已學（Un-Learn）。」

這意味著人類的知識必須不斷重建。

我們不能渾渾噩噩地完成每天的工作，而是明確地思考「有哪些工作要做？」「如何培養政治力？」「要以誰為榜樣？」去設定目標，補強自己缺乏的能力與不足之處。首先，我們必須丟掉過去的思維和知識，學習新事物，也就是透過「學習」▼「再學習」▼「摒棄已學」的過程來達到「知識重建」。

人有一種傾向：**用某個方法取得成功並獲得成功體驗之後，就會反覆使用這個方法，然而這個方法並不一定是萬用的**。我們必須不斷摒舊格新。我認為，能在新時代中存活的超強團隊應該採取強硬的作風。

知識重建的概念圖

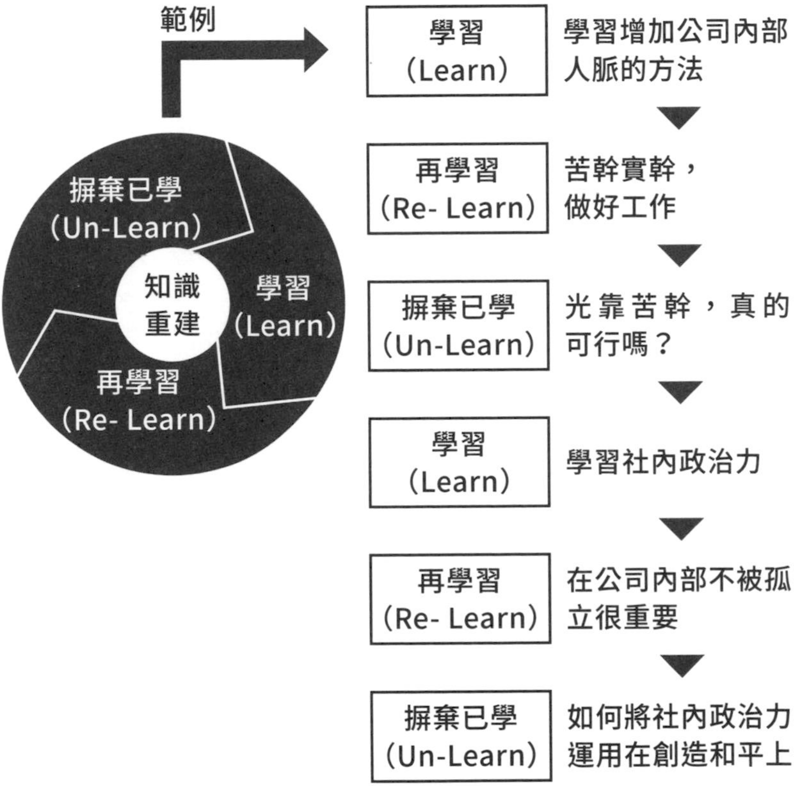
範例
擱棄已學
(Un-Learn)
知識
重建
學習
(Learn)
再學習
(Re- Learn)
學習
(Learn)
學習增加公司內部人脈的方法
再學習
(Re- Learn)
苦幹實幹，做好工作
擱棄已學
(Un-Learn)
光靠苦幹，真的可行嗎？
學習
(Learn)
學習社內政治力
再學習
(Re- Learn)
在公司內部不被孤立很重要
擱棄已學
(Un-Learn)
如何將社內政治力運用在創造和平上

以「技能學習圈」管理團隊

戰場上，如果每個士兵都各打各的，非但無法打勝仗，還會有滅團的風險。為了避免這樣的狀況，由主管和部屬組成的團隊必須協力進行作戰。

在提倡勞動方式改革之前，我就已在公司內部組成「迅速行動」的團隊，並以下列五種方式管理部屬：

①教學示範管理法
②讓下屬「複製」自己
③共享遊戲規則
④具體揪出問題
⑤「控制」下屬有想法

你看到這些項目，或許會受到強烈衝擊，但這五點是很基本的職場管理方式。我會從下一段開始一一深入解說。

我的團隊特別重視③的「遊戲規則」。例如開會時，透過「引導」（facilitation）可以讓會議順利進行，因此必須設定「基本規範」（ground rules）作為守則，例如：「不否定他人意見」「踴躍發言」等。會議以外的工作設定遊戲規則也有相同的意義。規定從簡單（例如提案應一併提出結論、理由、證據三項）到難（例如交涉時應注重時間的運用）總共五百條，但經常用到的大約是一百條。

透過A「記住規則」與B「在實務中運用」，做到C「透過實務增長新知識」，就能達到D「習得技能」。A→B→C→D稱為「技能學習圈」，其執行程度會影響自我能力提升的速度。

接下來我將依①～⑤的順序進行解說。

「技能學習圈」的概念圖

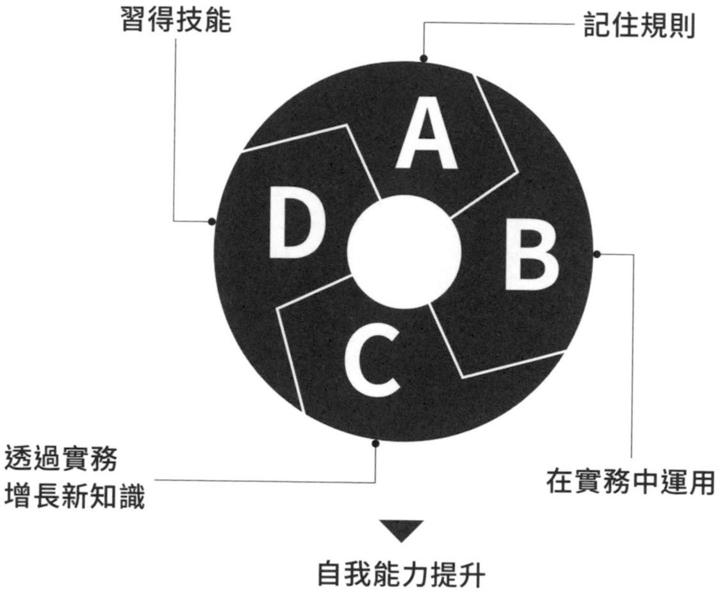
習得技能
記住規則
A
B
C
D
透過實務
增長新知識
在實務中運用
自我能力提升

「教學示範管理法」

主管不應將裁量權交給部屬，而是由主管思考工作的執行方式，並向下屬說明，讓他們按照主管的想法採取行動。這樣的管理法必須不斷掌握整體狀況，確認工作是否順利、有無問題，若出現問題則要趕緊修正。雖然麻煩了點，但具有二種意義。

第一，由主管思考策略，讓部屬執行，能有效獲得成果。有些人認為透過經驗去學習很重要，因此讓部屬自行思考、試錯，主管再給予建議，歷經一番辛苦波折，最後獲得成果。這樣的做法在「時間很多」的時代是對的。但是，在講求速度、缺乏人力、時間有限的現代，是沒有效率的做法。十幾年前，我也採取這樣的管理方法，但現在的時間只有以前的五分之一，已經不能像過去那樣慢慢指導部屬了。

尤其當部屬遇到新概念或新技術時，若只靠自己吸收新知會耗費很多時間。為了提升效率，主管應在一開始就說出最佳答案，讓部屬可以直接「抄答案」。過去的我也總是要下屬「自己想一想」，永遠都在等他們給我答案，但這樣的方法做不出什麼成果，也容易引發部屬的不滿。對部屬而言，尤其面對新事物時，無論花再多時間也想不出答案，等於浪費時間去思考（當然不是全部沒用）。

五年前開始，我不再要求下屬「自己想一想」，而是一開始就教導如何思考與做事，要他們「記住答案」。改用這樣的指導方式後，下屬的工作時間變短，能力卻提升了。這樣的指導法，我稱作**「教學示範管理法」——由主管進行示範，讓部屬模仿主管的行為**。教學示範管理法其實是從運動指導法得出的靈感。在網球和高爾夫球等運動訓練中，教練會先示範正確的揮拍或揮桿姿勢，再由學員模仿。若教練要選手「自己想出最好的姿勢，然後揮揮看」，選手花再多時間，也無法靠自己練就一身職業選手等級的球技。先由教練示範正確的揮拍動作，解說姿勢好在哪裡，選手藉由模仿去領會，才是學習的捷徑。

工作也是如此。主管提供最適當的做法，由部屬模仿與學習，才是提升自我能力的最快方式。

讓下屬「複製」自己

「複製」這個說法可能會令人感覺不太好，其實是指不要放任下屬不管，而是密切報告、商量、聯絡。例如，部屬在工作上遇到新事物或新概念時，可能無法如主管的預期達成效果。因為部屬的腦袋中沒有正確答案，也無法自行想出正解。若主管不下達具體的指示，無法獲得想要的成果。彼此要對工作成果有所共識，必須每天溝通好幾次。如此一來，對於工作成果會逐漸產生共識。

一起完成的工作愈多，主管和部屬對於工作成果的期待也會愈趨於一致。這麼一來，主管不必事事指示、教導，下屬也能迅速完成工作，提升工作效率。

共享遊戲規則

想要提高團隊合作的效率，身為領導者的主管與身為團員的部屬之間必須共享工作的遊戲規則。建立團隊，是指召集人員、理解目標（願景）與任務（使命），將其反映於每天的作業、行為、決策、企業之中。不僅領導者，所有部屬成員都必須共享團隊的目標和任務，在每天的行動中落實一致的價值判斷。因此必須運用「遊戲規則」。少了規則，部屬只能依照自己的判斷恣意行動，無法發揮組織的力量。

工作的遊戲規則是使工作順利進行的知識手冊。例如：「文章中應提出主張和理由」「不過度修飾」「從結論開始報告」「透過事件、影響、解決方法來說明問題」等。公開規則，讓整個團隊清楚明瞭，彼此約定遵守規定；少了規則，僅透過主管的提醒，部屬還是無法知道自己哪裡做錯了。**事先訂好規則，部屬也能坦然接受指責。**訂定一套規則讓團隊成員遵守，能有效提升部屬的知識與技能。

具體揪出問題

然而，即使訂定一套規則，也必須經常更新內容，重新指導部屬。這種時候，必須盡量簡單說明他們的想法哪裡有錯、哪裡不夠好，讓他們理解：

「你的想法問題出在○○○，所以無法採用。」

具體說出問題點，或者指出會引發什麼問題，部屬才知道好壞在哪，之後如何改善。

「控制」下屬有想法

「控制」這個詞聽起來好像在洗腦，但如果部屬沒有想法，也無法共享想法，主管就必須每一次都鉅細靡遺地下達指示，否則工作難有進展。例如，當主管要求部屬寫提案書，若部屬沒有想法，主管就必須在各方面給予指示：怎麼寫出有說服力的文章、文字大小、如何呈現簡單易懂的要素……全部都要一一指示，主管會累慘了。為了避免這樣的情況，必須讓部屬時常思考「如何吸引顧客閱讀」「什麼是簡單好懂的文章」「字級多大才看得清楚」等。

某家電廠商C公司正在研討針對年輕族群開發新的家電產品，主管指定清水負責。

清水感到相當煩惱，因為他從來沒開發過針對年輕族群的家電，不曉得究竟該企畫什麼。

他參考了同事、主管、高層的不同意見。

某位經理建議可以在網路上販售，清水將這個觀點納入企畫中；另一名高層建議可以將人氣選物店（Select Shop）作為通路，清水認為這個點子不錯，也把該通路寫進企畫；某位同事認為廣告很重要；另一位後輩則說口耳相傳才重要……清水於是把所有人的意見都寫進企畫裡。完成後，他帶著企畫書去徵求總經理層級的意見。某位總經理認為，既然是針對年輕族群，就要講求多功能；其他總經理則表示，現在的年輕人喜歡簡單、有品味的設計。

清水的企畫最後變成怎麼樣呢？他的企畫並沒有獲得決策者的青睞。清水的企畫主打「在網路與選物店販售設計簡單、有品味且多功能的家電，並透過電視廣告、雜誌、社群網站來行銷」，內容過於普通、了無新意。

清水的工作出了什麼問題呢？問題在於他「沒有想法」。他不過是把各主管和高層的意見拼湊起來，並沒有主動調查資料，將資訊內化成自己的「思考、概念、主張」。

這就是「對工作沒有想法」的例子。若想成功推動工作，必須徹底思考，蒐集各種資訊，建構起「對工作的想法和信念」，並秉持這些想法和信念。

3小時就完成需耗時1週的工作

工作的遊戲規則應由主管來制定。首先，從組織的目標與任務、下屬的培育方針，思考團隊必須具備什麼樣的心態（想法、價值判斷）與能力（技能、知識），並建立一套規則，做成檢查表、格言、固定格式的文件，讓所有團員參考。

制定好規則後，讓部屬徹底執行，但規則並不是死的，應視需求修正。主管必須耐心讓大家了解規則。光靠幾次的指導，部屬通常很快就會忘記而不去遵守。要讓規則徹底落實，必須不厭其煩地一直提醒。如果做不到這個程度，講幾次就放棄，團隊不會有任何改變，也無法培育下屬。

主管一開始就要表明「希望部屬遵守規定」「不遵守的人會被警告」等，如果沒有把話說狠，屆時被警告的人便會無法接受而心生不滿，這麼一來整個團隊就成長不了。而且，如果沒有讓部屬理解規則本身的合理性、目的、效果，他們也不會遵守。**人無法由衷信賴自己不理解的事物，當然也不會有所行動。**主管有義務讓下屬了解自己所訂定的規則。

以下是我自己所執行的規則，詳細內容在本書的附錄——「團隊管理規則」範例中，敬請參考並擬定適用於自己與團隊的規則。

迅速完工守則

- 「基本行動」8守則
- 「思考」7守則
- 「交辦工作」7守則
- 「指導」10守則

●「責備」9守則
●「引導」10守則
●「管理」9守則
●「開會」9守則
●「讚美」7守則

我為我的團隊在辦公室樓層設置一個開放空間，安裝投影機、召開公開會議，研討重要工作的執行方法和資料製作術，凡是參與成員都與我聚集在這個場所。位於大阪和東京其他辦公室的成員，則利用企業通訊APP參加會議。相關人員集合起來共同思考工作策略、製作資料，主管與部屬、部屬與部屬之間可以共享資訊，不必浪費時間修正或重做資料。原則上只要開一次會，就能做好提交給董事、董事長、外界參考的資料，因此部屬對於這樣的做事方式給予好評，認為「快速又輕鬆」。利用這樣的工作方式，原本要花一週才能做好的資料，現在只要三小時就夠了，效率極佳。成員們可以透過規則學會製作資料的重點。

不過，我們並非事事都要集合討論。第二次會議之後，重複的工作或資料便由部屬獨立完成，不必集合所有人，而且由於下屬已經學會規則，能在三小時內製作好完整的資料。

嚴厲而有效地督促部屬，且不至於職場霸凌

我要介紹一個親身經驗，這是用規則來管理團隊的案例。我的這位部屬叫作岡田，目前在與母公司合併財務報表的子公司擔任業務企畫部總經理，具有相當的影響力。但他剛成為我的下屬時，處於知識和能力都不足的狀態。

> 岡田剛加入我帶領的團隊。我負責將公司產品提供給其他企業，並進行商品提案。我請岡田製作提案資料，但一整天下來，他什麼都沒交出來，於

是我去問問他打算寫什麼內容……

「岡田，對於提案資料，你有什麼想法嗎？」

「我還在想，請您再稍等一下，我正在查資料。」

「是喔？那就好，不過具體來說，提案書的架構是怎麼樣呢？」

「這個啊，首先是目次，接著是序言，再來是商品說明……商品說明的部分我會力求有說服力，也會把顏色弄得漂漂亮亮。」

他說的內容一點都不具體，淨是些抽象的東西。他沒有做過商品提案，我了解到他只能靠自己埋頭苦幹寫出商品提案書。

然而，岡田堅持只要多給他一點時間就能完成，非常固執。

再這麼下去只會浪費時間，無法完成工作，所以我對他施了點壓力……這在現在或許會被說是職權騷擾，但我認為主管有必要督促下屬做事。

岡田想利用過去的經驗來解決這項新工作，但這是行不通的，他必須學習

▼再學習▼摒棄已學。

「岡田，我要聽具體的內容。你可以現在就把目次寫在白板上嗎？想到什麼就寫什麼，你想了一天，應該可以寫出點什麼吧？請寫下具體的商品說明。寫完之後，我們再來檢視是否具說服力。」

「現在還不行！等我做好資料，再請您過目。」

「我現在就想知道你的想法，現在就寫在這裡吧！」

「我不是說請您等等了嗎？」

「你的說話方式太抽象了……人只能實現腦中所想的事物，若思考太抽象，產出也會變得很抽象。這樣放任你去做，最後就必須大幅修改成品。來吧！先寫下目次。」（遞白板筆）

「是……」（有氣無力地走到白板前，開始沉思）

「為什麼寫不出來呢？」

「我該寫什麼……」

「這樣啊，那我們來想想吧！商品要賣給誰？以誰為客群？」

「擁有一定權限、在行銷部工作的人吧？」

「這個說法太抽象了，請具體一點，到底是賣給誰？」

「不知道……」

「那麼，怎麼做才會知道呢？具體而言？」

「我想想……問同業的客戶呢？我有大學同學在做這行，或許可以動用人脈，還能問一下提案資料要包括哪些內容。」

「這樣就很具體了。那麼，你現在開始動工，明天這個時間我再來找你討論。時間過去就是過去了，一天的時間就那麼多。岡田，工作沒有限定時間就沒有意義。不要想著『要花多少時間完成工作』，而是在有限的時間內決定工作方式，不然無法計算工作所需時間。還有，之後的發言方式必須盡量具體，若思考太抽象，工作就不會有進展。說不出具體的內容，代表我們的理解還太淺。提出自己的意見或跟別人討論時，**你的想法具體與**

否，決定了工作的品質。」

我告訴他二件事：

「思考與發言應具體而非抽象。」

「配合有限時間，想出工作方式。」

主管的指導必須具體

岡田的工作能力並非馬上就變強，但他後來逐漸改變行動，至少「具體的想法和發言」與「訂定時間，計算產出」這二件事，成了我們之間的「規則」。也就是說，他理解「好」與「壞」的判斷標準，並視之為規定。

部屬必須具體思考工作，同樣的，主管的指導也必須具體。

「你這樣還不行，多加油！」

「你到底在做什麼？好好想一想！」

這種抽象的指導是沒用的，主管必須讓下屬具體理解好壞在哪裡。我把判斷標準訂成規則，並與岡田共享。遵守規則，就會採取正確行動，並形成習慣。訂定規則，每次開會或碰面時共享並貫徹主管與部屬之間的規則，即能改變部屬工作的行為習慣。

岡田花了幾年學習規則，磨練技能，三年後其他部門也開始知道他這號人物。他在大型專案中擔任副組長後便調動到子公司，現在升遷至業務企畫部總經理的位置。

矯正具有攻擊性的下屬個性

想要經營團隊，領導者必須發揮強大的領導力。若沒有讓成員見識並接受領導者絕對的權力，團隊就會變成一盤散沙，不把主管放在眼裡的部屬也會恣意行動。無法控制團隊的主管，會弱化自己的社內政治力。因此，主管必須具備掌控各類型部屬的能力，讓他們乖乖聽話。

那麼，讓我用例子來說明該如何管理「不把主管放在眼裡的部屬」。

公司裡的員工個性多樣，也來自不同的背景。這次的主角叫作坂本，進公司已經十年。他一調來當我的下屬，我就立刻發現他的問題——坂本的個性鮮明，腦袋聰明，但言行舉止不時流露出瞧不起人的意味，總是一一反駁我和其他成員的意見。我歡迎不同的聲音，但他的反對並無道理，不過是自我意識過強的主張。他自認能力比主管強，可以把事情做得更好，是典型的難搞下屬。

由於他的個性如此，過去許多主管和同事都把他當怪咖，沒什麼好感。我則認為他腦筋聰明，想要好好「改造」他一番。我想出一個方法，並等待時機到來。

有一次，我請坂本針對他寫的提案書修正問題。

「坂本，『我們致力於讓貴公司的業務人員更易於推廣產品』這句話，意思不太清楚，沒辦法吸引人，你應該改用具體的案例說明。」

「不用吧？這樣就可以了！我刻意把文章寫得抽象一點，希望給讀者想像的空間」。

「這會讓人覺得這個提案很敷衍，必須更有說服力，寫得更具體一點。」

「為什麼你可以這麼篤定呢？你的想法絕對是對的嗎？如果是，我就改！」

「不是這個問題吧！你不主動改也沒有意義。沒有經過充分的了解，只是為了改而改，也是枉然。」

「我個人覺得這樣就很好了。不過，既然你要我改，我就改。誰叫我是你的下屬。」
「嗯我知道了，那我不多說了，你就跳過我，直接給副理和總經理看吧！」
「好喔，那我就直接送上去。」
坂本的態度總是這樣。我愈嚴格，他愈反抗，完全聽不進任何建議，因此我必須想辦法讓他不再意氣用事。

我實在不太想用暗黑兵法對付他，但照這樣下去會對團隊造成不好的影響，我只好祭出「陷阱」來制伏他——我故意讓坂本單獨面對副理和總經理。

用暗黑兵法馴服傲慢的下屬

以下是後來發生的事情：

傍晚，我開完會回到辦公室，看到坂本坐在座位上垂頭喪氣。我走向他，他抬頭望著我。

「怎麼了？副理和總經理那邊還ＯＫ嗎？」

「副理和總經理都很怒，罵說：『完全看不懂你在寫什麼東西！』還吼說：『以後直接跳過你的意見！』」

「是喔，為什麼？」

「他們的說法和您一樣。」

「可能想法也一樣吧？那你有改過，再向他們提案嗎？」

「我改了好幾次，他們還是不同意。」

「這樣啊，真是糟糕。」

「最後，他們說只要您這關沒先通過，就不會看我的提案書。」

「嗯，不過，你也不會理我的意見吧？我可不想這樣耗時間喔～」

「不，別這麼說……請您教教我！」

「饒了我吧！」
「對不起……」
「好吧！雖然不知道會不會通過，但我們來改改看吧！改好之後，再一起去向副理和總經理說明。」
我協助坂本修改提案資料。副理和總經理看過後立刻點頭。原本灰心喪志的坂本終於露出開朗的笑容，鬆了一口氣，也不再一副自視甚高的樣子。

自此之後，坂本變得很聽我的話。

大家知道我如何讓趾高氣揚的他乖乖聽話之後都非常驚訝，因為我用了暗黑兵法——我事先向副理和總經理說明坂本的個性哪裡有問題，讓他們口徑一致。當然，我也告訴他們「若副理和總經理認為坂本的資料做得很好，也可直接同意」，但我很清楚坂本的道行沒這麼高，我早料到他無法通過副理和總經理這關，所以藉著副理和總經理的協助讓坂本知道：若我沒有說好，他們也不會點頭。

這個案例是針對部屬使用水攻（四〇頁），讓他們乖乖聽話，對於自我意識過剩、不把主管放在眼裡的下屬很有效，但很可能會被質疑是職場霸凌，我自己也不太喜歡用。然而，只要是公司內的團隊工作，就可能需要動用到這個手段，主管必須不留情面地運用暗黑兵法，讓下屬言聽計從。

案例中的坂本，後來個性變得溫和，目前擔任相關部門的經理，具有相當的影響力。由於他原本能力就不錯，利用暗黑兵法改善他的個性，對他來說也是好的。

Chapter 3 第3章

上司同盟力——擺平慣主管，讓他倒臺

主管最厭惡的部屬特質

在部屬心中，主管是一種很煩人的存在吧？有些人或許會認為，主管總是在各方面妨礙工作進度，例如：執行工作前必須獲得主管的同意、主管可能會對工作方式有意見、很忙的時候主管還丟來麻煩的差事等等。

然而，從辦公室政治的觀點來看，主管是在戰略與戰術上相當重要的人物。尤其我們比較容易改變自己的直屬主管（頂頭上司），**直屬主管的「影響力」「情報力」「公司內外人脈」「社內政治力」，都是很重要的力量**。能將直屬主管所擁有的各種資源作為你的政治力來運用，是很難能可貴的事，而如何利用主管的資源建立你的政治力，也很重要。正因如此，我們必須與直屬主管維持良好關係，避免對立，建立同盟關係。

拉攏主管的第一步，大家或許會先想到做令主管高興的事，但最重要的其實是不要做出任何會惹惱主管的行為，因為，**人討厭另一個人的速度遠比產生好感快得多**。一般而言，主管不喜歡下列行為，我將這些行為稱為職場上的「負面特質」。想博得主管的好感，必須消除這些負面特質，轉而展現「正向特質」。

職場上的負面特質 vs. 正向特質

- 工作慢吞吞 vs. 工作迅速
- 說話拖泥帶水 vs. 說話簡潔
- 沒有說服力 vs. 有說服力
- 缺乏自主性 vs. 有自主性
- 膚淺、抽象 vs. 務實、具體
- 藉口王 vs. 不找藉口
- 行事魯莽 vs. 謹言慎行
- 做事沒有條理 vs. 做事按部就班
- 本位主義 vs. 懂得替他人著想

● 聽不進別人的意見 vs. 會接納別人的意見

讓我們來思考，為什麼主管討厭負面特質、喜歡正向特質？

因為負面特質是導致「工作失敗」的原因。主管想的和做的，都是為了讓部屬和團隊順利完成工作。然而，若部屬具備負面特質，就難以獲得主管的信賴，也逐漸得不到任何協助，無法借力使力。

將負面特質轉變為正向特質後，就能進行下一步。

「利用」主管——提供有價值的資訊

下一步是掌握主管的喜好，提供他想要的東西，維持良好關係。我稱之為

「行動誘因」。誘因指的是報酬，主管喜歡的東西就是誘因。由部屬提示誘因，讓主管「動」起來。哪些誘因可以讓主管採取行動？誘因有很多，一般是指提供主管所需要的資訊、專業知識、公司內外人脈，我稱之為**「主動向主管提供價值」**。

主動向主管提供價值

- 對主管有價值的資訊。
- 對主管有價值的專業知識與技術。
- 對主管有價值的公司內外人脈。

上班族的工作動機來自渴望工作順利、獲得賞識、升遷到更高的職位。職位高的話，薪資和獎金會跟著變多，出差或許也能住高級一點的飯店，享受更優渥的福利。因此公司會提供動機，讓員工更努力工作。在這樣的機制下，主管的動機是「往上爬」，所以要求下屬有足夠能力完成工作。

當然，主管不會對新進員工和菜鳥下屬要求太多，但會希望資深員工、管理職、領導者可以協助推動工作，並提供能助自己一臂之力的資訊、專業知識、人脈。下屬提供的東西愈有價值，就愈能得到主管的信賴，進而讓主管成為自己的靠山。讓主管認同你所提供的東西具有價值，是與主管維持良好關係＝拉攏主管的方法。

然而，東西的價值並非對每一位主管都能起同樣的作用。效果依主管的個性、行為特質、價值判斷的傾向、個人喜好而有所不同。例如：對於「全部由我作主型」的主管，下屬若建議「這個做法最好，請採納這個方法」，主管是不會聽的。「全部由我作主型」的主管比較喜歡**「我想出了三個方法，您認為哪個方向比較好呢？」**的講法。而對於「保守、不喜歡創新型」的主管，部屬若建議「現在有這種新技術，其他公司成功引進了，我們要不要也試試？」只會被主管否決，無法獲得認同。

提供價值時，要了解主管的「類型」，依照其特質提供價值。

4種主管與相應攻略

想順利「利用」主管＝以善為出發點來「操控」主管，少不了要了解前述所提的主管的個性、行為特質、價值判斷的傾向，以及個人喜好。基本上，部屬要從與主管共事的過程中，透過溝通來蒐集並累積情報。不過這麼做太花時間了，所以我將主管粗略分成四種類型，你可以依照其特質提供價值。

我以二個縱軸、二個橫軸劃分為四個象限來區分主管的四種類型。縱軸是「工作能力（高、低）」、橫軸是「行為特質（積極、創新、保守、防禦）」（請參考一一八頁）。我將這四個象限命名為：

①獨斷型

②支援需求型

③維持現狀型

④風險迴避型

當然，並不是所有主管都能歸類到這四種類型，①可能與②共存（主管在自己的專業領域屬於①，在不擅長的領域則是②），或者④與②共存（平常屬於④，但要升遷時就變成②）。不過透過大略的分類和說明，可以有效依照主管的類型改變對策。

區分主管的類型，較容易掌握各類型主管眼中的「價值」為何。我前面說明過，「全部由我作主型」的主管屬於充滿自信的人，一般落在①獨斷型。面對這類型的主管，不要說「這個做法最好，請採納這個方法」，應該說「我手上有資料，可以作為您做決策的參考」。

「保守、不喜歡創新」型的主管，不是③維持現狀型，就是④風險迴避型，建議這樣的主管「現在有這種新技術，其他公司成功引進了，我們要不要也試試？」是無法提供「價值」的。**若希望③與④的「保守、防禦型」主管通過創新的企畫，不能採取直接說服法，必須利用①與②的「積極、創新型」主管的力量，間接說服他們。**這就必須動用到公司內外的人脈。

<table>
<tr><td colspan="2" rowspan="2"></td><td colspan="2">行為特質</td></tr>
<tr><td>積極、創新</td><td>保守、防禦</td></tr>
<tr><td rowspan="2">工作能力</td><td>高</td><td>① 獨斷型
● 工作態度積極。好勝心強，不喜歡輸，靠自己的能力獲勝。
● 喜歡可以幫助自己贏得勝利的部屬與公司內外人脈。
● 喜歡得到能幫助自己獲得勝利、避免成為輸家的資訊。</td><td>③ 維持現狀型
● 工作態度保守、防衛。傾向於不要輸、維持現狀勝於成為贏家。
● 喜歡可以幫助自己不要輸、維持現狀的部屬。
● 喜歡得到能幫助自己不要輸、維持現狀的資訊。</td></tr>
<tr><td>低</td><td>② 支援需求型
● 態度積極，但能力不足。好勝心強，不喜歡輸，但除了靠自己之外，也必須靠別人的能力。
● 喜歡可以幫助自己贏得勝利的部屬與公司內外人脈。
● 喜歡得到能幫助自己獲得勝利、避免成為輸家的資訊。</td><td>④ 風險迴避型
● 態度保守，能力也不高。偏好維持現狀。不喜歡嘗試新事物和冒險。
● 喜歡可以幫助自己不要輸、維持現狀的部屬。
● 喜歡得到能幫助自己不要輸、維持現狀的資訊。</td></tr>
</table>

4種主管類型

將主管操弄於股掌的3個技巧

主管有指示權和人事權，輕輕鬆鬆就叫得動部屬，但部屬很難讓主管照自己的想法做事。不過，還是有三個方法可以讓主管聽自己的，就是「價值提供」「主管養成」「暗黑兵法」。

†價值提供——控制主管的技巧①

第一個方法「價值提供」就如同前面的說明。針對「獨斷型」主管，應提供主管做決策時所需的資訊、專業知識、公司內外人脈，不過，如何提供非常重要。部屬要彙整資訊、專業知識、公司內外人脈等「價值」引導主管，讓主管的決策照著部屬的意思走。另一方面，「支援需求型」主管所認定的價值，通常不是來自於「資訊」，而是決定本身。因為這類型的主管不擅長「自己決定」，希望部屬為他們提供最好的判斷。

這四種類型的主管我都碰過，若向「獨斷型」主管說明「自己思考後的結論」，通常會惹他們不開心，用這個方法只會碰壁。若將資訊、專業知識整理得簡明易懂，提供他們作為判斷的依據，「獨斷型」主管反而會「龍心大悅」，感謝部屬。然而，我曾經以為這個方法對誰都行得通，所以用相同方式面對新主管，提供資訊以協助他做決策，然而這位新主管卻不高興地說：

「你就告訴我最好的結論吧！」

於是，我轉為向他說明「自己思考後的結論」，最後得到他的一聲「謝謝」。這位新主管就屬於「支援需求型」。

如上所述，要根據主管的類型，改變所提供的價值。

† 主管養成——控制主管的技巧②

第二個方法是「主管養成」。如字面所示，即培育、教育主管，讓主管的想法與身為部屬的你一致。主管之所以會否決、反對部屬「自認為好」的點子，是因為雙方的判斷基準不一樣。因此，部屬要教育主管，讓主管與自己擁有相同的判斷基準。

通常「人會以自己的成功體驗作為判斷事物好壞的依據」，因此主管也會利用過去的成功經驗來做判斷。然而，很多時候判斷基準太舊，早已不合時宜，所以必須讓主管能依照當前的環境和狀況進行判斷。例如：在過去的時代，「不變」或許是正確選擇，但到了現在，「創新」成了王道。然而，**從「不變」獲得成功體驗的主管卻很難「改變」**。那該怎麼辦呢？「向主管說明目前的狀況，獲得理解」，就是教育主管。可是，主管一聽到下屬說「現在這個時代應該做〇〇〇」，可能會一陣惱怒……

我建議「當作是權威人士的建議，向主管說明現況」，我稱之為**「知識分子意見效應」**（認為權威人士的意見有用，所以很快就接受）。例如：告訴主管「這個消息來自顧問公司的人士，聽說最近有其他公司也積極引進○○，而且滿成功的」，讓訊息聽起來像是來自外部的有利資訊，主管會比較容易聽進去。最後，原本與部屬想法歧異的主管也會逐漸產生改變。

✝暗黑兵法——控制主管的技巧③

第三個方法是利用「暗黑兵法」。面對無法透過提供價值來引導，或者難以教育的主管，只能祭出暗黑兵法了。

運用序章所說的同盟作戰、諜報作戰、圍攻作戰、兵糧作戰、水攻（三九頁至四〇頁），讓主管的職權起不了作用。同盟作戰和圍攻作戰會動用到公司內部人脈，因此必須拉攏權位與主管不相上下或者更高的人士。我會在第五章說明如何善用這些掌權者。

分辨爛主管並奪取其職權

基本上，我們必須與主管保持同盟關係，獲得工作上的協助，但有時候主管的個性與品格有問題，部屬也難以與之建立友好關係。自私的主管可以為了提高自己的聲望，滿不在乎地犧牲下屬；也有主管爭功諉過，把成功的榮耀歸功給自己，將失敗的責任推卸給部屬。我們應及早揪出這種「爛主管」，實施教育，將危害降至零，甚至必要時必須奪去其職權。

奧田總經理任職於歷史悠久的D公司商品研發部。部屬對他的評價超差，很多人被他搞到身心俱疲，幫他取了「職權霸凌總經理」的綽號。然而，由於他的手段高明，在高層裡仍獲得很高的評價。

某天，岸本經理調動至商品研發部，成為奧田總經理的部屬。奧田總經理向岸本經理說明指導部屬的方針：

「迅速且確實完成工作的訣竅，就是主管不要什麼都自己想。主管不必動腦，懂得用下屬的腦袋就行了。我會給他們設定期限，時間到了就要交出結果。沒交出結果，就會被我盯。只要照這個流程走，優秀的部屬會絞盡腦汁，拚命地想，我只要採用其中最好的答案就好了。」

「可是也有人怎麼都想不出點子吧？」

「有啊，也有我說再多也想不出什麼的人，這種人我會把他調走。努力的人才有資格獲得肯定，不努力的傢伙得不到認同，這就是功績制度。」

「我不這麼認為，有的人不適合獨自思考。」

「這種傢伙永遠不成器。部屬就該扛起自己的工作責任。無法扛起全責的人永遠成不了氣候，你不覺得嗎？」

岸本經理雖然討厭奧田總經理這種以職權欺壓部屬的想法，但直接跟他起衝突不太明智，因此決定再觀察。

然而，奧田總經理秉持「主管不必思考，懂得用部屬的頭腦就好，部屬想不出點子就予以責備」的作風，導致部門成員陸陸續續感到筋疲力盡，部門的氣氛差到不行。岸本經理雖然不斷溝通，試圖改變奧田總經理的想法，但他依然故我，並且刻意疏遠岸本經理。岸本經理認為這樣下去對部門和公司都不好，所以決定運用政治手腕。

經理做了什麼，能把濫用職權的總經理逼入絕境？

岸本經理發動攻勢後，奧田總經理因新企畫案而與商品企畫部總經理產生嫌隙，逐漸在公司裡失去影響力。從某個時期開始，也愈來愈少指責部屬，一年後被調至子公司。

到底發生了什麼事？

岸本經理先告訴部門內所有成員：任何總經理指派的工作都要通知他，而且絕對不要遵照總經理的指示做事。
岸本經理認為，總經理雖然會因為一個部屬反抗他的指示而發怒，但若所有部屬都不聽他的話，發火的對象便會分散，於是無法攻擊特定下屬。事情發展如岸本經理所願，總經理最後為此所困而來找他商量。
岸本經理的目的是，由自己掌握情報，並與奧田總經理展開攻防。

奧田總經理不是主動思考、做決策的類型（①獨斷型；一一八頁），而是讓部屬去想辦法，再從中選出最佳方法的主管（②支援需求型；一一八頁），因此一旦部屬不聽他的話，便無法完成工作。以暗黑兵法的基礎來講，岸本經理的做法是，讓部門成員行為一致（同盟作戰；三九頁），並且不讓他們向主管提供工作方法和想法（兵糧作戰；四〇頁）。

此外，岸本經理調查了奧田總經理在公司內的人際關係，掌握了以下資訊：

- 奧田總經理的死對頭是跟他同期進公司的商品企畫部三井總經理。
- 三井總經理屬於「①獨斷型主管」，好勝心強。
- 三井總經理提出新企畫來提升業績，正在進行社內協調，此新企畫得到社長的支持和期待。

岸本經理有了這些情報後便開始思考策略，展開以下行動：

- 「洗腦」奧田總經理：競爭對手商品企畫部三井總經理提出的新企畫案有百害而無一利。
- 在公司內部散布流言：商品研發部反對商品企畫部的新企畫案（諜報作戰；三九頁）。

此後，三井總經理與奧田總經理二人愈來愈常在會議上起爭執。三井總經理氣勢凌人，奧田總經理逐漸失去優勢。三井總經理尋求具體策略來推動新企畫案，相較之下，奧田總經理只會不斷「反對」並說「有風險」，卻無法積極提出具體策略。

後來，奧田總經理得知新企畫案深受社長大力支持，整個臉色鐵青，他在公司裡更被視為「為反對而反對的總經理」，完全站不住腳。

奧田總經理後來的下場，就跟我前面說明的一樣。

把失敗的責任全推給部屬的爛主管

我要介紹另一個案例：

二十七歲的西條在大型通訊E公司的營業企畫部擔任副理。他工作認真，有抱負，但喜歡照自己的方式做事，鮮少與主管討論。

有一次，西條副理擔任一個專案的組長，負責向客戶F公司推廣新型手機的通訊服務。此專案的最高負責人是今田總經理，雖然高層對他的評價很好，但在下屬和同事之間的名聲很差。西條副理來找初次共事的今田總經理一起討論工作。

「照你的方式做就好了，需要我做什麼再告訴我。每週跟我報告一次工作進度，其他的就交給你。」

今田總經理這麼說，西條副理便認為「今田總經理把工作全權交給自己處理」，可以「照自己的做法執行」。

一開始專案執行得相當順利。西條副理雖然定期向今田總經理報告，但總經理似乎沒有仔細聽，也不太關心。

這樣的情形發生太多次，西條副理向總經理報告的頻率也愈來愈少。就在這時候，問題爆發了——新服務無法如期推出。F公司大為震怒，引發軒然大波。今田總經理和西條副理必須一起協議解決對策。

「事到如今，多說無益。不過，西條副理，我希望你明白這次的事件造成很多人的困擾。你可以照自己的想法去做，但就組織而言應該避免牽連太多人。你必須了解這不只是你的工作。」

「你認為是我一意孤行嗎？」

「周遭的人都有這種感覺，董事和其他總經理也都這麼想。」

「你這麼說太過分了吧？」

「我要你『想一個對公司最好的做法』。我之所以要你照自己的方式做，是因為我相信你的想法一定『對公司最好』。不過顯然不是這樣，我覺得自己被信任的人背叛了。」

「這樣講太殘忍了吧……不是太苛薄了嗎？」

「你再找藉口脫罪只會更難堪吧！這次的事件可不能就這樣原諒你。總之，你幹的好事要自己負責解決。你說可以，我才放手讓你去做的。」

西條副理懷疑起自己的耳朵，完全失去幹勁。

後來，今田總經理取得F公司的同意，重新訂定日程，但在交涉過程中把交期延誤的責任全推給西條副理。其他總經理如何向上級報告此事件不得而知，但今田總經理把責任推得一乾二淨，向上級報告時，也把解決問題的功勞攬在自己身上。

他對外表示：西條副理沒有主動向他報告，一意孤行才導致公司陷入危機，差點造成損害……就這樣巧妙地將自己塑造成解除危機的大功臣。

西條副理無法認同這樣的狀況。然而，他沒有頻繁向總經理報告也是事實，因此別人都認為是他的錯，並不同情他。西條副理在公司裡再也成不了大器，再也抬不起頭來了……這個時候，他才驚覺自己被今田總經理利用了。

然而，某人的職位調動削弱了今田總經理的影響力和話語權。

讓爛主管節節敗退的水攻和兵糧作戰

西條副理向新任的川岸經理抱怨對今田總經理的不滿。了解來龍去脈的川岸經理想了想，提出二點建議：

①盡量不要與總經理二人單獨談話，選擇在人多的會議上談事情。

②若必須與總經理二人單獨對談，一定要以書面詳細記錄對話內容。

今田總經理不是「①獨斷型」而是「②支援需求型」的主管，不會自己決定工作的執行方式，只會讓部屬去想辦法，獨攬功勞，並把失敗責任推給部屬。與這種類型的主管相處時必須格外當心。與這種人相處的基本守則是，不要二人單獨談話或約定事情。假設非得二人單獨談話，務必要將內容對話做成書面紀錄。因為當問題發生時，紀錄就是最有力的證據。

川岸經理接著檢討部門內的工作流程。在新任的川岸經理上任前，包含前任經理在內的所有部門成員都個別與今田總經理共事。雖然有經理在，但總經理總是對部門成員個別下達指示、修正工作成果，完全沒有經理插手的餘地。

因此，川岸經理規定定期舉辦業務檢討會議，讓總經理與部門成員在眾人參與的公開場合中互動，除了將會議上的互動做成簡單紀錄之外，還以e-mail發出公告，告知對象包含董事在內的所有部門成員。

今田總經理雖然不喜歡將會議紀錄寄給董事等部門成員的做法，但川岸經理以「這是董事的指示」為由，強迫他接受（水攻；四〇頁）。川岸經理其實已經事先向董事們表示：

「本部門在資訊共享上做得太差，必須貫徹資訊流通與整合應用的制度，希望您們能理解並給予協助。」

對於經理的建議，沒有任何董事反對。

後來，今田總經理再也無法把責任推卸給下屬。

他與部屬之間的對話都做成紀錄，代表他了解所有狀況，無法再隨意說是部屬擅自做的決定（兵糧作戰；四〇頁）。

今田總經理被迫積極參與工作執行，並且必須自主決策。然而，他原本就不是會自己作主的主管，部門內愈來愈多工作執行不力，導致頻頻受到其直屬主管（董事）的指責。

在這樣的局面下，川岸經理集合了部門成員，要他們做下列幾件事：

- 詳細掌握董事下達給總經理的所有指示。
- 討論董事的工作指示，讓經理知道，由部門完成工作。
- 不再讓總經理單獨向董事報告，而是由總經理和經理一起報告。

後來，董事逐漸不再找今田總經理，而是直接交付工作給川岸經理，導致今田總經理愈來愈沒有存在感。

部門成員執行工作時，變成先與川岸經理討論，再與董事討論，最後才向今田總經理報告。由於董事已經決定，即使總經理有任何意見，也不會影響部門成員做事。

於是，今田總經理的影響力和話語權明顯變弱，最後，川岸經理取代了今田總經理，成為新任總經理。

Chapter 4 第4章

社內人脈力——
建立公司內部網絡，
資訊任你搜刮

What Is Internal Politics?

社內政治力

工作想要有效率，得有公司內外的人支持。尤其公司內部的支持者（＝盟友）多，非常重要，不但可以讓自己順利進行社內協調，也能將自己或所屬部門做不到的事委託其他部門的人幫忙。而且，掌握公司內部消息才能提升工作效率，我們可以靠公司內的盟友來取得所需資訊。在公司內建立眾多盟友，確實有助於提升工作能力，但好處可不僅止於此。公司內的盟友是「暗黑兵法」的泉源。

盟友存在於各部門，盟友的權力和能力愈高，政治力就愈強，也有助於落實暗黑兵法。請再回顧一下序章說明過的暗黑兵法（三九頁至四〇頁）：

1. **同盟作戰：與多數派結盟。**
2. **諜報作戰：運用資訊，帶動風向。**
3. **圍攻作戰：在會議上偕同眾人壓倒對方。**

4. 兵糧作戰：斬斷對手的資源來源。

5. 水攻：藉掌權者之手施以高壓。

這五種戰略都需要盟友。少了盟友就無法執行「同盟作戰」「圍攻作戰」「諜報作戰」。藉由公司內的盟友，將消息透過各種管道傳播出去，即可引導對手的行為。在公司裡，不可能光靠自己或所屬部門單打獨鬥，必須得到其他部門的協助。想要透過「兵糧作戰」來獲得其他部門的協助，或者限制其他部門給予對手協助，一定要與相關部門成員建立起盟友關係。當然，執行「水攻」，則必須拉攏掌權者。

如上所述，想要在公司進行暗黑兵法，發揮強大的政治力，必須與眾多部門的強權者、佼佼者建立盟友關係。

避免在派系中當被溫水煮的青蛙

我們必須在公司內建立盟友。你或許會以為最快、最簡單的方法是加入當權者的「派系」，但我勸你打消這個念頭。所謂當權者的派系，是指躲進公司掌權者的羽翼，受其庇護。加入掌權者的派系，靠的是掌權者的力量推動工作、升遷、晉級，而非藉由自己的力量。一旦習慣這樣的模式，自己也樂得輕鬆，於是懶得努力、做功課、經營人際關係，最後導致自我能力停滯不前。

若掌權者能持續保有權勢也就算了，然而一旦退休或失勢，該派系的人馬便頓失權力的庇護，被流放到競爭激烈的世界裡。當然，平時懂得鍛鍊自我能力、建立公司內部人脈，就不會發生問題；然而，**依附在掌權者羽翼下而放棄上進的人，隨著保護者和派系大勢已去，派系成員的下場也會變得慘兮兮。**

我看過太多這樣的案例。他們原本站在公司的核心，某天卻從核心被驅逐到邊緣，變得毫無存在感，只能話當年。若你不想變成這樣，就不要急於加入派系、躲到掌權者的羽翼下，而是加強自我能力，結交盟友，提升政治力，才是上上策。

應拉攏的人物重要性與順序

雖然盟友愈多愈好，但每個人的個性和想法不同、天生不對盤、對方太強勢、不想要有太多交集、不熟等原因，不可能讓公司所有人都與自己站在同一陣線。建立盟友必須先經營人際關係，所以需要花一定的時間，也必須思考建立盟友的步驟，有效地落實。

建立盟友的順序

Step 1　能在工作上協助自己的其他部門同事、前輩、主管等。

Step 2　公司的主要部門（營業企畫部、商品企畫部、會計部等）同事、前輩、主管等。

Step 3　在公司內外消息靈通的人（在公司內外朋友多，能蒐集到各種資訊的人）。

Step 4　公司內部人脈廣的人（有豐富的社內協調經驗，在各部門都有朋友的人）。

Step 5　高層主管或接近高層、握有大權的人（董事、有機會被提名為董事候選人的總經理等）。

以上就是會對你的工作產生影響的順序。拉攏這些會影響自己工作的人，就能順利執行工作，照這個順序建立盟友，很快就能看到結交盟友的成效。

Step 1是在日常工作中必須靠他們協助的部門，應及早拉攏相關人員。若這些部門裡有與你同期進公司的人、學長姐，或舊東家的同事、主管、前輩、後輩，就可以和這些人打好關係。若沒有的話，則必須積極參加聚會、讀書會、交流活動，強化人際關係。

Step 2是主要部門，必須經常與他們互動，打好關係，才能提升工作效率。然而，若是平時不太有交集的部門，彼此可能不熟悉。這種時候，可以透過同梯同事、同學、前輩、主管，甚至是曾待過該部門的同事來打進該圈子。若沒有，就必須利用自己在公司的人脈，找出適當人選去拓展人際關係。

Step 3～Step 5則必須靠平日共事時，透過密切的溝通加強彼此的關係。若沒有這樣的機會，可從現有的人脈下手。不過，這些人士都是公司的巨頭，早有一定的勢力基礎；反過來講，他們沒有建立盟友的急迫性，因此要拉攏他們並不容易。針對這些人，必須提供情報等有價值的東西，讓他們有所行動。他們可能已經掌握許多公司內的消息，人脈也夠多，因此提供有價值的公司外部消息和善用公司外部人脈比較有效。

找出組織內部的權力平衡和關鍵人物

建立盟友時，掌握公司內的權力平衡關係非常重要。例如：公司內可能有好幾個掌權者的派系，從政治層面來說，若派系間相互敵對，拉攏勢力龐大的派系，比拉攏勢力偏弱的派系更有利。然而，如果總是向勢力龐大的派系靠攏，很可能會被貼上牆頭草、攀權附勢的標籤。除了掌握公司內的權力平衡關係之外，保持若即若離的中立態度，視必要與否來維持同盟關係才是上策。

掌握權力平衡關係最有效的方式就是觀察人事命令。誰擔任公司主要部門的重要職位、誰被指派為跨部門專案的領導者等，留意這些消息，調查巨頭的交友關係、派系、公司內人脈，就能洞察公司內的權力平衡關係。

不過，並非擔任主要部門的重要職位或重要專案的領導者，就能說是公司的巨頭。公司裡除了董事、總經理、經理、專案負責人等管理職與領導者之外，還有其他人也對公司內的消息十分靈通，人脈廣到令人驚豔。這些人包括：**資深的行政人員、主管祕書、公務車司機，以及與主管同期進公司的男性員工（快退休的資深員工）和女職員（姐字輩員工）**。這些人通常知道很多一般員工不知道的事，例如老闆、董事、有影響力的總經理等掌權者的煩惱、痛處、做過哪些失態的事、家庭問題、喜好、弱點，而且與這些大人物關係良好。若能與這些人打好關係，對辨公室政治會構成相當有利的條件。

籠絡對方的10個策略

要建立盟友，絕對要討人喜歡而非惹人厭。即使你很希望拉攏對方，但若行為招致他人反感和厭惡，就很難打好關係。「恣意妄為」「攻擊性強」「不尊重人」「自以為是」「背叛」「不合群」，都是會招致他人反感和厭惡的行為。避免做出以上行為，同時搭配以下介紹的「籠絡對方的十個策略」，就能增加公司內的盟友。

† ① 在職場上同甘共苦

一起共事，排除萬難，取得成功，或者共同經歷過種種艱辛的人之間，會產生很深的革命情感，通常可以成為彼此的強大後盾。這些人包括過去曾在同一戰場奮戰過的同事、後輩、主管、高階主管，以及不在同一戰場但曾在跨部門專案中合作的人，或經常一起共事的其他部門人員。

† ② 提供工作上的協助

積極幫助你想籠絡的人。工作順利，在公司就會開心。我們會感謝那些在工作上幫助過自己的人，並抱有好感，對他們產生**「情感互惠」（Reciprocal liking）心態**（想要回報對方的心理狀態），因此會想協助曾經幫過自己的人。

† ③ 協助他人解決煩惱

這個行為與在工作上協助他人有一樣的效果，但在別人有煩惱的時候，為其解決問題或給予協助，對方會更感謝你，產生更大的情感互惠心態。同樣的行為出現在別人有煩惱與沒有煩惱的情境下，對你的感謝程度也不一樣。**若你想拉攏某個人，請在對方有煩惱的時候積極提供協助**，那麼成功籠絡的機會就會大增。

✝④提供有價值的情報

就像我說過的，資訊具有價值，將有價值的資訊提供給需要的人，就能籠絡人心。不僅限於工作所需資訊，嗜好、喜歡的體育運動、有趣的故事等，在對方眼中是有價值的消息都行。

✝⑤分享有價值的知識

教導他人，對方能有所收穫，也會產生強烈的情感互惠心態。教導內容包羅萬象，包括工作上的專業知識、報告方式、文章書寫方式、執行工作的竅門、交涉方法、如何與主管相處、如何考取證照等。**先針對你想拉攏的人，調查他想學什麼**，若你正好擁有相關能力，就可以趁機搭起友誼的橋梁。

†⑥傾聽對方說話

用心聽別人說話，就能讓對方對自己產生好感。人都希望自己的想法和感受能得到理解。傾聽可以增加雙方的情誼，因此，**平時就要多聽別人說話**，不斷做這件事，能讓自己擁有更多朋友。

†⑦尊重、讚賞、肯定他人

尊重、讚美、肯定他人的行為，可以提高對方的滿足感、信任感，以及彼此的情誼。對於想拉攏的人，平常就要尊重他的想法，視必要給予具體的讚美和肯定，提升好感。

†⑧想法一致，讓彼此站在同一陣線

與自己想法、理念、主張類似的人，可以成為自己的強大後盾。彼此肯定、想法合得來的人之間，可以互相獲得滿足感。所謂的公司派系、公司黨派等團體即相當於這一類。把有相同理念、主張的人聚集成團體，與自己站在同一陣線，

平時舉辦讀書會等活動，就有機會在其他方面也攜手合作。

†⑨幫助他人提高聲望

幫助他人提高聲望也是建立盟友的重要方法之一。針對你想籠絡的人，讚揚他的工作成果、在其主管面前予以讚美，或在公司內宣揚他的工作成果……這些行為可以令對方產生強烈的情感互惠心態。後面會再用案例說明這一點。

†⑩其他：針對自己想拉攏的人，做有益於他的事，不要做有損於對方的事

除了①～⑨之外，還有許多籠絡別人的方法。總之，就是要做對對方有益的事，避免踩雷。最顯而易見的好處就是薪資、獎金等金錢報酬變多，或升遷機會增加。而分享有趣經驗、吸收新知、拓展人脈雖然不是直接的報酬或優遇，也算是好處。

利用其他部門主管，讓自己越權處理事情

我要介紹幾個常用的「建立盟友的方法」。第一個案例所用的是「籠絡對方的十個策略」中的「⑨幫助他人提高聲望」。這個例子發生在我從事ＩＴ企畫工作的期間。

ＩＴ企畫是相當專業的領域，會遇到許多我不懂的地方，例如法律就是其中一塊。我的工作必須去確認我們規畫的制度和機制有沒有牴觸法律，但光靠我自己不可能掌握個資法、電子文件檔案法等法律。

有一次，我在客戶的委託下進行調查。由於牽涉到法律層面，我立刻聯絡了法務部的石井主任，我平時就經常請他幫忙。但石井主任以很忙、沒空為由，拒絕我的請求。

雖然石井主任有其他要事在身，但我也接受重要客戶的委託，馬虎不得。我認為必須給石井主任「好處」，於是展開行動籠絡他。最後，我成功讓他立刻接下這個工作。

而我不過是寫了 e-mail 和打電話給石井主任的直屬主管——法務部經理。

法務部經理您好

我們企畫部總是受到石井主任的照顧。

其實，前陣子接到客戶委託的工作，由於時間緊迫，我們手忙腳亂。那時候，我逼不得已請石井主任幫忙，他很爽快地答應，了解狀況後，火速幫忙處理這件事。他的調查結果簡單易懂，客戶也非常高興，真是多虧有他的協助。

石井主任做事積極，非常可靠。然而在沒有知會經理您的狀態下擅自請石井主任幫忙，增加他的工作量，因此想藉這封信向您道歉和致謝。我們企畫部總經理會再向法務部總經理說明這件事。未來還請您多多照顧與指教。最後，也希望您嘉許石井主任。

我先寫了這封 e-mail 給法務部經理，接著再致電給他。經理聽到自己的下屬受到讚賞，開心地笑說：

「以後也多叫他做事。」

「他這個人就是要有壓力才會成長，什麼都交給他做就對了。」

過了不久，我接到石井主任的電話，他開心地說：

「經理要我優先處理你這邊的工作。」

我的方法既簡單、單純，效果又好。人果然喜歡受到主管肯定。後來，石井主任變得更樂意幫忙我。

仁慈可以廣結善緣，仇恨則樹立敵人

我在第二個例子中，使用的是「籠絡對方的十個策略」中的「③協助他人解決煩惱」。這個故事發生在我時任業務效率化系統研發專案組長的期間。

我的工作是列出公司各部門的手動作業，讓作業系統化。當時，公司的會計、小規模商品營業額相關業務尚未系統化，作業繁雜，經常出錯。我的任務就是把這些作業系統化。這項工作是我們企畫部提出的資訊化戰略，所以企畫部總經理下令「只許成功，不准失敗」。

總經理指示「與相關部門合作，推動該企畫」。然而，業務部的川村副理態度非常消極，導致檢討作業停滯不前。我多次告知川村副理「這是公司的決策，希望盡快開始分析」，也請他的主管，也就是經理增派人手，但經理以「正忙著會計結算，除了川村以外，沒有人手可以加派」為由，拒絕我的請求。

我認為不能再坐以待斃，所以決定直接找川村副理問清楚。我想了解他不積極進行檢討的真正原因。

「第一階段的期限就快到了，目前只剩下你的部分沒有進展。有什麼問題嗎？我知道你忙著結算，但這個工作也是你負責，不好好做會造成很多困擾。你跟經理談過了嗎？」

「談過了，我無法獨自一人完成這個工作。我跟主管說過，希望其他人一起幫忙，但是……」
「不過，這也不是太難的工作，只要列出你們部門有哪些未系統化的手動作業就好。問一下大家應該就知道了？你是不是認為如果大家不願幫忙就束手無策？還是你覺得這件工作落在自己頭上，很不公平呢？」
「大概是吧……我不懂為什麼只有我要做這項工作……覺得不公平，所以不太想做，經理也不願意聽我的想法，態度冷淡，從來沒有肯定過我，只會把麻煩的事交給我。但就算我做了，也得不到讚賞啊……」
「這樣好了，你把這件工作完成，我會向經理和總經理報告你做的事，好好讚揚你一番，好嗎？」
「不用了！我每天光是做分內的工作就筋疲力盡了。所以，這件工作我做不來……」
「沒這種事！這次的工作其實是一個大好機會，你可以累積不同的經驗，這是你們部門其他人沒有的。藉由這項跨部門專案，未來也會有愈來愈多檢討系統化的機會。到時候，你就累積了很多相關知識。不只如此，透過這次的工作，你可以認識更多新面孔，跟他們一起共事。關係打好，不是對自己有利嗎？經理只看到眼前的工作，但你卻有累積豐富知識和拓展人脈的機會。

如果推掉這次的工作，實在很可惜。我教你吧？我教你之後，你就會做了。你什麼時候有空呢？」

「真的嗎？若您願意教我，我會排出時間。」

「好，那我就定期指導你。有不懂的地方，儘管打電話來問我，問什麼都可以。我們一起把工作完成，讓經理另眼相看。」

我和川村副理聊過之後，知道他的問題在於「經理的逼迫與不受重視，再加上面對完全沒有頭緒的工作」造成很大的壓力。

那一年，我定期與他開會，討論工作的執行方法、解決他的煩惱。他在工作上非常聽我的話。由於我幫他度過難關，成功拉攏了他。後來，我變成川村副理的非正式主管，建立起同盟關係，長期共同推動公司的各項工作。

利用下屬，讓愈來愈多新進人員與你站在同一陣線

第三個例子是「如何以主管的身分讓更多下屬與自己站在同一陣線」。

我當經理的時候，島田副理是我的下屬。我對他的工作評價可多了，他老是不事先做準備、不與其他部門討論、敷衍了事，妨礙許多工作進度。例如：他研擬新企畫的時候，總是認為只要不屈不撓地說明「自認為好」的企畫，案子就可以通過，所以常常在沒有準備的狀態下匆忙召集相關人員，試圖說服，但大多以碰壁收場。

由於類似情況發生太多次了，我告訴他「事先多協調」「事先想想其他部門會有哪些意見，做好應對準備」「推測其他部門的反對意見，修正企畫案」，但他似乎不了解我的意思。無論我再怎麼耳提面命，他還是一如往常，不事先做好準備，照樣見機行事、進行單向溝通，無法針對嚴厲的提問和反對意見做出回應，而且回覆得亂無章法，最後只能沉默以對。

島田聽不懂我的話，老是犯同樣的錯，然而他其實並無惡意。他不是故意與我作對，而是真的不知道該怎麼做、不懂工作為何不順利。

我發現，原來是我的教法不夠好。我不能講得太抽象，而是要具體指示。

接著，我想到一個辦法——改變島田過去的行為模式。我把他叫來，對他說了一些話：

我是經理，忙到抽不出時間，所以希望你幫我做一件事。

我想了解跟我們在工作上有往來的管理階層和其他公司的重要人物，希望你幫我調查他們的想法和決策模式。調查方法不難，只要去與各管理階層人員重用的下屬打好關係，再探聽就好，比如問「興趣是什麼」「喜歡什麼東西」「過去的經歷」「在工作上重視哪些事情」等。

例如：對於可以長期留住顧客的企畫，即使成本稍高，會計部總經理一向不會反對，因為他在業務部深耕過，深知留住顧客的重要性。

另外，你也問一下這些部屬們有哪些困擾、有什麼需要協助的地方。若是你做得到的事，希望你盡量幫忙；若是你做不到的事，可以請公司其他人幫忙；若還是沒人幫得上忙，就告訴我，我會盡所能提供協助。

當然我也可以全部自己來，但畢竟身為經理，我有自己的職務要完成，沒有時間去調查，所以拜託你能幫這個忙。

島田聽到這一段話，開心地接下這份工作。

「經理拜託我做，代表他很信任我。」

他應該是這麼想的。為了不辜負我的期待，他用了各種方法進行調查，協助相關人員。

過了約半年，島田在公司內的人脈變得非常廣。不少人感謝他平時的幫忙，與他建立起良好的關係。他所獲得的公司內部消息，與他的公司內部人脈成正比，他知道誰參與了哪個企畫、誰支持哪個企畫、誰反對哪個企畫，也知道他們支持和反對的理由。幾年後，他幾乎掌握了公司內所有企畫和其他工作相關消息。由於握有豐富的資訊且在公司內有許多朋友，他在思考企畫時，會事先考量各部門和各重要人物的看法、反對意見，在工作上如魚得水。

這個案例所使用的是「籠絡對方的十個策略」中的「②提供工作上的協助」和「③協助他人解決煩惱」。**我們不必害怕做對自己沒好處的事情，或者擔心自己變成工具人，樂於幫助人，可以加強人際關係，最後能為自己帶來好處**，了解這一點非常重要。

舉辦各種名目的聚會，維持公司內人脈

除了努力增加公司內的朋友之外，也要用心經營人脈，可以定期舉辦讀書會、資訊交流會、聚餐等活動。別人會感謝你在讀書會上分享其他公司的商業模式、講解ＩＣＴ技術運用的案例，也可以互相討論平日工作上遇到的問題、煩惱，資訊交流是維持公司人脈的好方法。

另外，近來或許很多公司愈來愈少聚餐，但若聚餐有正向目的，就沒理由不辦。我在公司會巧立各種名目，召集各方好友，舉辦資訊交流會。光是公司內部就有二十種以上的聚會，包括「新大橋路居民餐會」「大學同學會」「經理、副總經理會」「邊緣同事聚會」等。在這些聚會上，不但可以獲得各種資訊，還可以針

對別人的煩惱和職涯規畫提供建議，對彼此都有助益。

Chapter 5 第5章

權力靠攏力——逐步改變掌權者決策方向的祕訣

What Is Internal Politics?

社內政治力

職場上，你需要搞點政治：
辦公室政治教戰手冊

讓掌權者動身起念，才是社內政治力的王牌

「他的能力不錯，但他只做自己喜歡的工作，其他事都擺在一邊。我託付給他的工作，他從來不跟我報告進度。像這種只做自己喜歡的工作的人，要升遷難啊！**職位愈高，愈會碰到不喜歡的工作，而且非做不可。**」

這是我擔任副理時，剛成為我新主管的董事對我的前輩說的一番話。這位前輩就像我的老師，他與這位董事是同期進公司的好朋友，所以詢問了董事對我的看法。

這位董事的能力很強，在公司內有高度的影響力，許多員工都將他視為「掌權者」。權力如此大的董事，對身為部屬的我評價卻那麼差，我著實感到訝異。那時候我才剛成為他的下屬半年左右，他並未對我說過這些話，因此我從不覺得自己的行為、想法、向他報告的事項有什麼問題。雖然他不是當面指責我，對我的

評價卻是「不夠成熟」「缺乏管理職的素養」「把主管的話當耳邊風」，看來不是很滿意我這個下屬。

而我也想到了一件事。董事交付給我的工作，多為要我針對不太熟悉的領域發想點子，我以為他只是隨意提起，要我「想一想」而已，但似乎並非如此。聽到前輩的轉述，我心想「這下可糟了」，為了完成董事囑咐的企畫案，我開始進行各種調查，了解該領域的趨勢、主動思考，並運用公司外部人脈，與該領域的專家討論，用一週寫出企畫書，然後若無其事、假裝鎮定地向董事說「很抱歉，企畫寫太久了」，接著進行報告。

董事花了十五分鐘靜靜聽我報告，結束後說了一句：

「嗯，就是這樣，先從這個案子做起吧！」

後來，前輩又告訴我董事的想法：

「他終於拿企畫書來跟我討論了。內容普普通通，但看得出來用心調查過自己不擅長的領域。好吧，還是繼續用他。」

現在回想起這件事，我還是會直冒冷汗。後來，我只要接到掌權者的指示和命令，無論是多小的事情，都會認真思考，謹慎以對，直到現在都是如此。

對掌權者「面從，但內心中立」

那時候的我，注重自我能力和個人績效勝過組織整體，也認為只要對公司有所貢獻，做什麼都可以，而且我覺得公司太小了，所以重視公司外部人脈勝於公司內部人脈。然而，經過此事我也了解到，這位董事身為公司掌權者與我的直屬主管，若他認為我的做法不夠成熟，就必須改變自己的想法和行動。除了改變自我中心的心態、增加個人能力之外，也必須顧及團隊，提升組織整體的能力。這對我而言，也等於進入了「再學習」和「摒棄已學」的重要階段。此後十年以來，我把公司內外的人脈看得一樣重要，將個人能力用來提升組織整體的成績，社內政治力也跟著增強。

這十年間我所學到的，不是對掌權者「百依百順」或「陽奉陰違」，而是「面從，但內心中立」。「百依百順」的人在掌權者眼中是「值得嘉許的人」「聽話的人」，可以討他們歡心，若掌權者判斷正確，工作順利進行當然很好，但若他們判斷錯誤、失勢，部屬也會跟著倒大楣。另外，「陽奉陰違」的下屬很容易被看破手腳。掌權者在這樣的部屬還有利用價值的時候會盡量忍耐；一旦部屬做錯事、失去利用價值，或者有更優秀的下屬出現，就會毫不遲疑地叫他滾蛋。

「百依百順」和「陽奉陰違」都不是與掌權者打交道的好方法。**我認為面對**

掌權者，最好是表面全面服從，心裡時時以「中立」的態度評斷掌權者的想法和行動，輔助掌權者成功。一般來講，掌權者的能力強、人脈廣、擁有人事權，對公司的決策也具有重大的影響力。能力傑出的人，若與掌權者爭鋒相對、反其道而行，很快就會失去影響力，做任何工作都無法順心。面對掌權者，最基本的要求就是「表面順從」。要做到「表面順從」，很重要的特質是具備柔軟的身段。當掌權者下達的指示與自己的想法有異，不要反駁或忽視，而是接納，採「中立」的角度，想出一個最圓滿的結果。即使你百般思索到最後仍然無法接受，也不要挑釁掌權者，而是詳加說明，開導掌權者放棄自己的想法。當然，要達到這個目的，必須運用接下來要介紹的技巧。

利用同盟作戰和諜報作戰，拒絕掌權者的命令

雖然我們一開始必須接受掌權者的指示和命令，但採中立的角度思考後，仍

認為「不做」對自己、公司及掌權者較有利的話，還是要開口說「不」。

然而，對方畢竟是勢力龐大的人士，據理力爭的話，很可能使得他對你的印象變差。若你一直做這樣的事，掌權者的怒火恐怕會愈來愈旺，最後把你打入冷宮，因此我們必須有策略地說不。這種時候，可以採用的技巧是**「提供資訊，讓原本說GO的人改口說Don't GO」**，這個技巧應用了第一章介紹的「釋放消息，讓原本說NO的人改口說YES」（七一頁）。也就是說，將資訊送到掌權者手上，讓他改變判斷，從「想做」「應該做」變成「不做比較好」「不能做」，引導掌權者主動改變想法。

要達到這個目的，我們要了解掌權者為什麼「想做」、為什麼認為「應該做」。掌權者「想做」或認為「應該做」的理由，大多是「對公司有利」「替顧客著想」「為員工好」「維護自己的權力和名聲」，但不會有人大剌剌地說「我就是為了要維護自己的權力和名聲」，通常都會說「對公司有利」「替顧客著想」「為員工好」，以顯得名正言順。

若掌權者是「為了公司好」才「想做」、認為「應該做」，那我們就要透過各種方式提供資訊，讓他改變想法，使他知道自己的做法「其實對公司沒有好處」。若理由是「替顧客著想」也一樣，只要提供掌權者「其實對顧客沒有好處」的資訊即可。總之就是，提供相反的理由，讓掌權者做出與「想做」「應該做」相反的判斷。

我在暗黑兵法的基本守則中介紹過的同盟作戰（三九頁）和諜報作戰（三九頁），可以在這裡派上用場。

1. 同盟作戰：與多數派結盟

連結公司內部主要部門的關鍵人物，與其攜手合作，不輕易提供敵人工作上的協助，讓利害關係與自己對立的人無法如願以償。

在這裡，與我們有利害衝突的人是掌權者。

2. 諜報作戰：運用資訊，帶動風向

刻意在公司內散播對方有多下流、狡詐、自私自利等負面消息，藉此打擊對方的名聲，奪去其力量。也可以散布相關資訊，讓原本說NO的對手，改口說YES。同樣的，也可以刻意散播消息，引導對手從GO的立場轉為Don't GO的態度。

掌權者在接收各方消息的過程中即可能潛移默化，從GO變成Don't GO。不過，他會認為這是自己的判斷，而不是被說服的結果。運用這個方法，可以在不傷害特定人的情況下，安然地拒絕別人的想法。

狗可以誘以飼料，人可以被金錢利誘，掌權者則是……

若成功拉攏掌權者，肯定能提升自己在公司內的政治力量。但若用錯方法而惹惱掌權者，不但無法打好關係，還可能令自己身陷危險，因此必須謹言慎行。

想取悅掌權者，就要知道他的喜好，並投其所好（價值提供），這樣就能保持良好的關係。這個做法同於第三章所述的與主管的關係。對掌權者而言，有價值的事物包括「有價值的資訊」「有價值的知識與技術」「有價值的公司外部人脈」等。我們在主管篇中提到，公司內部人脈也是可提供的價值之一，但掌權者可能已經不缺這一項，因此對他們而言，公司內部人脈並不具備價值。

可提供給掌權者的價值

- 有價值的資訊
- 有價值的經營知識、專業知識與技術

● 有價值的公司外部人脈

公司的掌權者不外乎是董事長、副總、營運長、董事、執行董事等高層，或者將來會成為高層的理事、總經理級的人物。這些階層的人，其共同努力的目標和方向是提升公司業績、研發出能打敗對手的創新商品和服務、與其他公司合作、提供顧客新的價值等。因此他們時時都在尋找有助於達成目標、解決問題的靈感、資源、創意。當一個人提供的東西價值愈高，掌權者就會愈信任、依賴他。拉攏掌權者的方法就是讓他肯定你提供價值的品質和數量。

抓住掌權者弱點的5個手法

無論是掌權者或是一般人，想要讓彼此的關係更緊密，一定要多互動。比起陌生人或不太熟的人，我們多半對熟人、互動頻繁的人較容易產生好感，這種習性稱為「單純曝光效應」（Mere Exposure Effect，美國心理學家札瓊克〔Robert Zajonc〕提出）。若你想與某位掌權者打好關係，就要多多接觸。

然而，若掌權者是你的直屬主管（總經理或董事等），在工作上雖然頻繁接觸，但出了辦公室就少有機會碰到。因此，我們必須刻意製造機會，想出一些「增加與掌權者互動的花招」，讓自己在私下也能與之往來。讓我來介紹五個最具代表性的方法：

＋① 瞄準目標，透過與掌權者關係密切的公司內部人脈，舉辦聚餐等活動

若你在公司內認識與掌權者關係密切的人，想要接近掌權者就不是那麼難。不過，如果不能把握機會，藉由餐會上的談話讓掌權者知道你能提供哪些價值，恐怕難有下次了。在餐會上不能光顧著吃喝，必須針對掌權者蒐集各種資訊，包括興趣、共同興趣、喜好、專業知識、想結識的公司外部人士等。利用這些資訊，努力製造下一次的互動機會。

② 若與掌權者有共同興趣和愛好的運動，不妨一起做這些活動或觀賽

只要向掌權者身邊的人（部屬等）打聽，就可以知道他的興趣或喜歡的運動。有些公司會成立社團或同好會，利用這些活動也是好方法。不過，跟①一樣，與掌權者相處的時候，必須蒐集資訊以利下次聚會。通常公司不會頻繁舉辦體育或藝文活動，所以較難增加互動機會。所以，還是必須針對掌權者蒐集資訊，了解其興趣、共同興趣、喜好、專業知識、想結識的公司外部人士等，努力製造下一次的互動機會。

我曾企畫過登山、美食探訪、歌舞伎鑑賞、落語[2]鑑賞、機器人動漫同好會等活動，有些現在仍持續舉辦。定期舉辦這些活動的好處也包括可以更容易邀請到掌權者。當然，除了興趣之外也會討論到工作，透過這些活動可以想到新企畫或改善業務的方法，有助於執行工作。

2．落語：日本傳統藝術表演，類似單口相聲。

†③在公司內舉辦讀書會，邀請掌權者當講師

這個方法的成效高於①和②，非常有機會可以接近掌權者。事先調查掌權者所關心的議題、專精領域、未來目標，為年輕職員與資深員工舉辦讀書會；舉辦幾次之後，就能邀請掌權者擔任講師，進行對談。若掌權者答應擔任講師是再好不過，但若因為太忙而抽不出時間講課，也可以向他請教議題和趨勢關鍵，運用這些資訊來經營讀書會。之後也可以請掌權者擔任讀書會顧問，這樣不僅能增加互動機會，也能使掌權者自覺是讀書會主辦人之一。

†④調查、提供掌權者感興趣的專業領域，並交換意見

這個方法又比③更有用。我的專業領域是ＩＣＴ，曾任專案經理人，負責商業技能教育，也寫過與商業模式有關的文章，擁有許多相關案例。把這些資訊提供給公司內部的掌權者，能深化雙方的關係。

⑤思考、提出討掌權者歡心的企畫

這是最高級的方法。若能想出掌權者喜歡的企畫，將來或許能成為他們在公司裡的愛將。透過定期提出企畫和點子來抓住掌權者的心，讓他在各種時候重用你。與掌權者的關係達到這個程度之後，好好向掌權者提出自己想做的事，讓他也參與其中，就能順利做自己喜歡的事。雖然這麼講不太好聽，但這就像是在「操控」掌權者。把這一招用在多位掌權者身上，你在公司內的政治力量就會變得強大無比。

掌權者只對「有用」的人感興趣

我已經說過，若想加強與掌權者的關係，就要多多接觸。不過，接觸機會多卻話不投機就毫無意義，也失去互動的理由。就我的經驗而言，前面③～⑤的方法可以促成定期、持續的互動；①和②通常只是一次性的接觸，無法與掌權者建立密切的關係。

若採用①和②的方法，就要想辦法定期與掌權者談到話。除了必須在第一次的活動中蒐集資訊，以利下次活動的舉辦之外，還要讓掌權者知道你是「有用的人」。若掌權者不把你當作有用的人，就不會定期與你交談。即使他認為你有利用價值，但若缺乏共同話題，也難以持續互動。請一定要在第一次接觸時，讓掌權者知道你是有用的人。

利用《國王的新衣》裡國王與庶民間的資訊落差

為了在第二次接觸以後也能定期與掌權者互動，我們必須提供有用的資訊。你提供的訊息價值愈高或愈特別，就愈能吸引掌權者。

我們要提供的價值包括前述的「有價值的資訊」「有價值的經營知識、專業知識與技術」「有價值的公司外部人脈」，但也必須理解自己的能力範圍，調查掌權者當前感興趣的事物、煩惱、喜好、未來要做的事情（＝掌權者的需求、慾望），視情況提供資訊、交換意見。

直接向掌權者本人詢問需求和慾望，能最快得到答案，但若原本關係不密切就很難用這個方法。因此，可以向比較了解掌權者的人打聽消息，例如他的部屬、朋友、同期進公司的人員等。若這個方法不適用，則可以透過網路、雜誌、公司外部人脈來調查與掌權者工作有關的最新案例、海外案例、業界內幕等，再將這些資訊提供給掌權者。

若這個方法你依然覺得很難，還有一個更簡單的方法：**利用掌權者與第一線的資訊落差，進行價值提供**。掌權者通常是總經理級以上的高階管理職，其職責主要是針對部屬報告的內容進行決策。尤其在大公司裡，晉升至高階管理職之後通常會有個人辦公室，不再與眾多部屬在同一層樓工作，因此變得少有機會接收到「第一線的第一手情報」。這對身為高階管理職的掌權者是很不利的事情，因為做決策時必須掌握愈多的第一手情報，才愈有助於做出正確判斷。當他們被關進個人辦公室，就不容易直接掌握第一線的情報（員工工作的活躍程度、顧客滿意度、客訴傾向、競爭對手動向等），只能利用部屬加工過的資訊進行決策。基於上述原因，**身為高階管理者的掌權者通常很喜歡聽到第一線的第一手情報**。

掌權者樂於得知公司內部情形、銷售現場狀況、客訴等第一手情報，提供這些資訊非常有用。

力量薄弱的人可以邀請掌權者參與謀略

前面介紹許多與掌權者打交道的方式，接下來我要用例子來說明：

新見先生是男性成衣廠G公司商品研發部副理。新見副理必須與企畫部、業務部研議即將上市的新產品和新服務的設計細節。

在G公司是這麼分工的：首先，企畫部進行市場調查，思考新產品和新服務的概略模樣；接著，商品研發部依照營運會議上的決議內容，仔細設計和研發；最後，由業務部負責銷售。

然而，G公司商品研發部和企畫部向來關係不佳。企畫部經常攻擊商品研發部，因為每當企畫部想出市場上前所未有的新產品或新服務，總會被商品研發部以各種理由否決：

「我們公司沒有經驗，沒有人才可以配合。」

「這項商品需要新的系統技術，我們公司沒有這種技術，所以很難！」

「要花上二年詳細檢討。」

「成本太高了！」

G公司是一家老字號的企業，堅守以往的商業模式，以低於競爭廠商的價格，提供保守型產品來穩固營業額，但近年來銷售衰退儼然已造成嚴重的問題。這是因為男士成衣的外部環境產生了改變。

近來，男士成衣產業受到各種影響而產生巨大變化，包括關注健康議題、節省家庭開銷、不穿西裝等「顧客的習慣變化」，以及地球暖化、推行「Cool Biz」[3]便裝運動、勞動方式改革帶動輕便工作服的流行等環境變化，再加上衣料材質的技術革新與ICT的進步。市場上出現讓一般家庭可以把整件衣服丟進洗衣機的西裝、外套、長褲，也配合消費者想節省家庭開銷而推出熱賣商品，以及在講求健康與瘦身的風潮下推出熱銷皮鞋，主打具有休閒鞋的舒適感，走很久也不會悶熱或疲累。

企畫部認為必須從根本去省思男士成衣產業，規畫新產品和新服務，並結合網路展開新的商業模式，帶動公司成長，否則公司沒有未來可言。

G公司社長特任當時的企畫部專案經理堅田出走公司兩年，賦予他「思考男士成衣產業未來與公司未來」的任務。

堅田先生離開公司，到國內外視察新式成衣產業的現狀，與相關重要人士進行交涉。一年前以企畫部總經理的身分回到公司，可謂公司中的有力掌權者。他持續與業務部研議新產品和新通路，但守舊的商品研發部管理層、資深成員依然固執己見。堅田總經理冒著可能被視為破壞公司體制的風險，仍努力不懈，因為社長交代他「思考公司的未來」。

以堅田總經理為首的企畫部，賭上公司的未來，將打造新的成衣事業以帶動公司成長視為使命。商品研發部雖然大致可以理解堅田總經理的決心，但仍認為要迅速研發出新產品和新服務非常困難。畢竟，企畫部只要動腦想，但商品研發部必須製造顧客實際上會使用的產品，並且銷售出去，想法當然會偏向保守。雙方的想法和立場經常對立。也因此，商品研發部與企畫部、業務部的關係很差，立場薄弱的商品研發部每每失敗後，就會被支持企畫部的其他部門攻擊，變得孤

3．Cool Biz：日本政府為了減少夏日的能源消耗，將辦公室空調設為攝氏二十八度，上班族可穿便裝，例如不打領帶、不穿西裝外套，甚至可穿短袖 POLO 衫和運動鞋。

立無援，遭到排擠。

商品研發部的新見副理認為「這樣下去對公司沒好處」，因此訂定作戰計畫並開始執行。他認為，必須與企畫部建立新關係，藉由結盟，讓企畫部和支持企畫部的其他部門也願意協助商品研發部。新見副理決定創造互惠互利的關係，陸續拜訪企畫部和業務部的總經理、經理、副總經理，傾聽他們的想法。這麼做是為了蒐集更多資訊，以利與企畫部堅田總經理談話。某一天，新見副理終於有機會與堅田總經理說到話。

「新見，你老實告訴我可以嗎？為什麼商品研發部老是這樣？公司正面臨危機，現在不推動新事業，等到公司產品賣不出去、開始衰退就來不及了！你們部門也不跟我們說為什麼不能做。我也向社長報告這個情況，但我其實不想對你們施壓。技術層面你是行家，請告訴我，你們部門到底是怎麼想的！」

「我們也覺得不能再這樣下去。但是我們缺乏足夠的技術、經驗、信心，無法保證放棄目前的產品之後，還可以研發出新產品並受到市場歡迎。這是當然的吧？畢竟我們部門沒有這樣的人才，公司也沒有培育出這樣的人才。但您們企畫部卻攻擊我們，導致高層對我們不滿，我的部門無論資深員工或者新進人員都意志消沉。我個人也認同您的想法，不過，如果不改變做法是行不通的，因為會引起結構上的矛盾……」

「結構上的矛盾？怎麼說？」

「維持現狀與否定現狀去創新這二件事，同時由一個人做的話，會產生心理上的矛盾，到最後兩邊都不了了之，變成紙上談兵。若要創新，就要徹底執行，包括商品研發部的高層在內，我們可以分為二組人馬：新事業交給具備創新思考但對事業現狀不甚了解的年輕員工去嘗試，當然也可以讓了解現狀的人參與，進行知識移轉。曾任人事總經理的您，應該可以讓組織分工、召集年輕員工吧？」

「原來是這樣啊，我知道了。一開始就告訴我不就好了嗎！人事和組織的問題交給我。我會配合下次的職位異動來組織團隊。年輕員工可以公開徵求吧？還有，技術問題該怎麼處理？我不懂新材質、電商知識與技術。」

「有關ＩＣＴ，我會立刻請熟識的其他公司舉辦讀書會，然後再動用一家成衣廠商的人脈，請他們在可能範圍內指導我們。這家公司在評估顧客需求和喜好上很厲害，得到相關資訊後，我會彙整成報告。有可以參考的資料，會比較輕鬆吧？」

「還可以拿到報告啊？簡單的報告也無妨，對我們幫助很大。」

「我也常常介紹人脈給他們，所以不必擔心，沒問題。能幫上忙的地方，我一定盡量幫忙。以前我就很希望能與您一起思考公司的未來，還請多多指教。今後我也會定期提供資訊給您。我有很多公司外部人脈，透過這些人脈可以獲得一些有趣的訊息、國外案例，以及其他公司的願景。」

「這樣啊，我知道了，請一定要定期跟我聯絡。有問題的話，可以打手機問你嗎？」

「沒問題。我也會適時用手機提供您訊息。」

新見副理開始定期向堅田總經理報告。

後來，堅田總經理升上執行董事，並成為新事業開發專案的領導人，但他仍習慣與新見副理討論自己的想法，聽取新見副理的反應和意見。

多次經驗下來，不僅企畫部與商品研發部的關係變好，堅田執行董事也會在各方面協助新見副理和他所屬的商品研發部。想要維持良好的人際關係，就要頻繁互動，了解對方的興趣、煩惱及關心的事。在面對掌權者時也是如此，做對掌權者有利的事，就能得心應手地利用掌權者的力量。

爾後，堅田執行董事又升遷，新見副理也跟著一起調動職位，甚至有人說：新見副理根本是堅田執行董事的參謀總長。

Chapter 6 第6章

社外人脈力——
利用公司外部的暗器，
翻轉公司內部的輿論風向

公司內人脈無法跨越的那道牆

十八年前，當時三十歲的我負責一個大型專案。我所屬的團隊主要工作是整合多家公司的資訊系統，但許多新工作無法用以前的方式解決，導致我面臨進度停滯、問題延宕的狀況，被前所未有的一堵「高牆」擋住去路。我認為自己有足夠的能力，但光靠專業知識無法解決問題，工作難有進展。那時的我感覺窮途末路。團隊裡許多主管、前輩、同事也跟我一樣為工作所苦。不過，有一些主管、前輩、同事不斷嘗試，從錯誤中學習，希望工作有所進展。

怎麼做呢？他們利用公司外部的人脈來彌補自己的不足，在短期間內從擁有技術與知識的公司外部人才身上蒐集許多情報，把新工作當成知識來學習；還向身邊的人解說自己學到的新知識，並領導其他缺乏幹勁的成員。這些新知識不同於公司原有的知識和資訊。這次的經驗讓我體認到，我可以靠公司外部的人才，推倒自己和內部員工跨不過的「高牆」。

公司外部的人脈竟對工作的成敗有這麼大的影響，我對此深感興趣，爾後開始研究一套建立、維持、活用公司外部人脈的方法論。

讓自己兼具「輕浮男」與「里長伯」的特質

「『輕浮男』和『里長伯』的組合，才是企業創意的泉源。」

這句話出自早稻田大學副教授入山章榮。入山教授專門研究創意，他認為這二種特質是產生創意的必要條件。

「輕浮男」是指經常與公司外部的人應酬、打聽消息，然後在公司裡滔滔不絕的人（＝不穩重）。讓我們來思考輕浮男對公司的意義。輕浮男雖然可以為公司帶來源源不絕的點子、人脈、情報，但不夠穩重，無法發揮其他功用。他們無法利用新的事物、點子、人脈，擬定對公司有利的新企畫、工作方式，並與其他部門溝通、協調（＝缺乏社內協調力）。不具備這些能力的輕浮男，在公司裡會被視為「出一張嘴的人」。

而「里長伯」則具備輕浮男沒有的特質，善於跨部門溝通與協調（＝擁有社內協調力），說話對經營層有影響力，擁有充分經驗和信用，可以讓公司各部門乖乖聽話。然而，他們沒有輕浮男所擁有的公司外部情報、點子、人脈。里長伯不會特別思考創新，通常是「很會處理公司內部的事情、對公司極具影響力的管理職或領導者」。

入山教授解說道：

「光靠輕浮男和里長伯，無法讓企業產生創意。輕浮男與里長伯組成搭檔，才是催生創意的泉源。」

「雖然最理想的人才是兼具輕浮男與里長伯特質的人，但社會上幾乎看不到這樣的人才。」

同時擁有輕浮男與里長伯特質的人的確很少，但我認為這樣的人確實存在。我認識幾位這樣的人，長期與他們共事的過程中，我觀察這些人的特徵，了解他們所具備的獨特能力。

本書的目的之一，就是打造輕浮男與里長伯的混種。也就是說，我們必須從公司外部蒐集各種創新資訊，擴展與經營外部人脈。

從公司外部帶動公司內部的輿論風向

公司外部的人脈，不僅能讓我們蒐集到新的想法、點子，以及有價值的情報，也有其他的用法。主要是利用報紙、雜誌、線上新聞網等大眾媒體，接受具有影響力的媒體訪問，發布新聞和報導。我的用法主要為下列五項：

†①帶動公司內部風向，讓原本可能遭到反對的企畫翻盤

公司內部不曾執行過的新企畫，通常會遭到否決。由於沒有前例可循，這樣的企畫自然難以得到內部的認同。這種時候，可以藉由公司外的媒體界人脈，讓大眾知道新企畫能創造的價值，公司內的人若看到相關報導，輿論風向通常會跟著改變。若能引導公司內的人產生「報紙和雜誌都報導了，那這類企畫應該可行吧？」的想法，新企畫就會更容易通過。

†②向客戶宣傳擁有新價值的產品或服務，使之普及化

若想針對顧客提供具有新價值的產品或服務，帶動普及度，公司外部的媒體界人脈也可以派上用場。身為第三者的媒體、口碑行銷、客觀報導，對顧客的影響力更勝廠商的宣傳。可以請媒體寫成報導，讓顧客認識新產品或新服務。

†③讓新產品或新服務的規格符合業界標準，避免競爭

對消費者而言，商品或服務符合各公司通用的規格比較方便。若業界在所有方面都處於競爭狀態，難以降低製造成本，導致整個產業出現疲乏現象。這種時候，要避免無謂的競爭，將產業的規格標準化。例如：運用公司外的媒體界人脈，發布「新企畫將推動產品標準化」的新聞，促進業界的合縱連橫。

†④在公司內部展現自己的業績和作為，強化公司內影響力

若你做的事新穎、方法特殊、能帶來創造力與價值，那就要運用公司外部的媒體界人脈寫成報導，讓自己在公司內受到高度評價，有助於獲得肯定，強化在公司的影響力。

†⑤在公司外部展現自己的業績和作為，增加公司外人脈

承④所述，將你新穎的成果、特殊的方法，以及創新與價值，讓公司外部人士知道，有助於建立和維持公司外部的人脈。我近二十年來都在多家媒體（報社、出版社、雜誌社、線上新聞網等）刊登連載報導、接受訪問，在媒體界累積許多人脈。我會定期向這些公司外部人脈投稿、交換情報，維持良好關係，視需要透過他們協助我達成這五項訴求。

這樣的力量，單靠自己和公司內部人脈是匯聚不了的，只有透過具有重大影響力的公司外部人脈才能做到。

改變公司內部輿論的經理

我要來介紹一個運用公司外部人脈，改變公司內部輿論風向的案例：

H公司位於東京，是一家專門負責系統開發的中堅企業，該公司有感於全球IT產業的變化，指示商品企畫課研發新產品。負責該計畫的是三十二歲的上田主任，他的主管是曾就職於顧問公司的富山經理。上田主任在富山經理的指導下，積極與公司外部人士交流、討論、交換情報，思考新產品和新服務的概念。富山經理的公司外部人脈超過五百人，上田主任則運用經理的人脈，在短期間學到許多知識和點子。最後，上田主任將新產品的企畫案彙整成報告資料。

然而，公司相關部門雖然覺得上田主任的企畫很有趣，但由於沒有前例可循，以不確定市場能否接受為由，否決該企畫。富山經理認為，上田主任的企畫雖略嫌粗糙，但頗具新意，值得一試。但畢竟是新的嘗試，沒有任何數據資料可以說服公司，很難以過去的方法與相關部門溝通，在營運會議上提出。

富山經理最後想出一個方法來擺脫困境。上田主任十分擔心自己的企畫因為被公司否決而沒有進展，但富山經理請他靜待二週，什麼都不要做。

二週後，正當上田主任翻閱剛拿到的月刊時，目光被某一頁的報導吸引住。這是一本業界人士必讀的雜誌，而該篇報導的標題是「即將引爆話題的最新產品與服務」。

上田主任的企畫被寫成報導，內容也寫到業界各公司將聯合出資，展開共同研究，聯絡人員還附上上田主任的名字、e-mail、電話。

從這天起，上田主任就忙翻了。許多公司紛紛寫信和打電話給他，希望進一步了解細節，光是當天就超過二十家公司表示有意願參與合資。而最後一通電話是公司內部打來的——來自最不支持該企畫的部門人員。

該人員說：

「總經理和經理看了雜誌之後，表示願意提供協助。請您具體告訴我，我們可以提供哪些幫助。」

自此之後，上田主任的企畫有了很大的進展。一週後，他向富山經理提出心中的疑問：

「經理，為什麼相關部門的總經理和經理會突然改變態度呢？他們原本堅決反對，不可能只因為企畫在媒體上引發話題就一百八十度大轉變。」

「這個啊，我請祕書把這本雜誌放到社長室的未決策信箱，就這樣而已。我跟祕書探聽了一下，社長好像在講電話，內容我不太清楚。不過，你大概猜得出來是在跟誰講電話？發生什麼事了吧？」

「原來是這樣，還是經理高明，好厲害的政治力，讓別人乖乖聽話。我也想要擁有這樣的能力！」

「不是這樣的，不能只想著操控別人，我這次運用了各界的力量。這件事的本質不在操控別人，而是你的創意非常棒。這個企畫本來就應該『推動』，只不過我們組織內部有矛盾。明明是讓公司成長的機會，卻因為沒有前例可循、有風險、不願負起失敗責任就予以否決。這種時候，就要透過其他力量來讓案子順利進行。為了達到這個目的，平時就要拓展公司外部人際關係，經營人脈網。」

運用公司外部人脈，就可以順利推動停滯不前的工作。我們必須建立並經營公司外部人脈。

如何打造公司外部人脈

建立公司外部人脈的基本方法包括：「交換名片」「參加讀書會」「加入業界團體」「交換情報」「參加講座」「參與聚會」「活用社群網站」「他人轉介」「認識

名人」。

我會在交換名片時與對方多聊一點，若彼此合得來，或希望對方能成為自己人脈網的一環，我會邀請他參加我主辦的讀書會或聚會，定期交換資訊。只碰過一次面、交換名片後就沒有聯絡的人，很難變成自己的人脈。想要建立起人脈，必須定期見面、交換價值，比如透過讀書會和資訊交流會多碰幾次面，強化彼此的關係，漸漸互相介紹朋友和夥伴。

另外，利用名人也是快速擴展人脈的方法。大多的業界名人，其人脈都非常廣，若能與這些人打好關係，他們也會介紹各種人給你。業界名人經常擔任講座講師或業界團體的高層幹部。若你想認識的人舉辦了演講，就報名參加、交換名片，或者參加會後聚餐，與之交換意見。之後則透過e-mail向他們請教問題、參加下次的演講和讀書會，慢慢讓這些人記住你。若想與在業界團體擔任高層幹部的名人建立密切關係，可以擔任該團體的工作人員，協助舉辦活動。成為業界團體一分子後，就有很大的機會可以與名人打好關係。

「單純曝光效應」能在社群網站上發揮效用

社群網站是能有效建立公司外部人脈的工具。我們可以從自己的朋友中看到哪些人值得成為自己的人脈，也能透過群組得知哪裡聚集了什麼樣的人。在社群網站上可以搜尋各種活動，更方便我們用關鍵字找到與自己工作內容相近的讀書會，拓展公司外部人脈。特別是採實名制的社群網站，能掌握註冊者的個人特質、工作內容、興趣、所屬公司，更容易促進真實的交流。社群網站是省事又省時的人脈拓展工具，我也會用來開發公司外部人脈。想經營人脈但少有機會碰面時，也可以在社群網站上發文、留言，與多人保持互動。愈常溝通愈能增加彼此的好感，這樣的「單純曝光效應」也適用於社群網站，有助於維持人際關係。

我主辦的跨界人士交流會高達二百場以上，也會在社群網站上舉辦活動或推廣計畫。我把這種能時常獲得有用資訊、交流知識的機制稱為**「智慧圖書館」(idea library)**，會在後面談到這個方法。

「價值資源」明確化，才能建立人脈

想要建立並維持人脈，必須加入人脈網，讓他人認識自己。這種時候，**我們的資源必須擁有「內在面」與「實質面」的價值**。內在面包括展現出「喜歡人」「樂於助人」「踴躍參加公司外部讀書會、資訊交流會、聚會」等特質和行動，密切與公司外界人士溝通，就能增加朋友、擴展人脈。

此外，也必須擁有能夠提供給外界實質價值的資源，包括下列項目：

- 具備某一領域的專業知識或新知識。
- 具備特殊技能、實績、社會名聲。
- 人脈廣、可以召集群眾、能替別人介紹朋友。
- 擔任領導者、幹部、總務。
- 具有權力、決策權，可以引薦他人。
- 在金錢方面具有影響力。
- 有內涵，可以教導他人。
- 握有情報。
- 著作多。
- 有一定的社會地位，對社會具有影響力。
- 擁有他人感興趣的經驗，願意與人分享。
- 任何商品和服務都賣得出去。

建立並經營外部人脈的重點在於自己必須是個「有料」的人，擁有能提供給外界人士豐富的資源，且願意並把價值分享給需要的人。

缺乏公司外部人脈的下場

有些人很想建立外部人脈、增加朋友，但就是辦不到。這種人有共通的特質——**討厭人群、不喜歡幫助人、嫌參加外部讀書會或資訊交流會麻煩、對外部聚餐沒興趣**。教這種人如何增加外部人脈也是對牛彈琴。

三十二歲的小西先生是中堅食品廠商I公司的採購部主任，進入公司便認真念書、考取證照，也積極參加讀書會和資訊交流會。由於他十分熱中於這類活動，在外界有許多朋友，認識不少人，I公司也知道他在外頭的人脈很廣。

後來I公司換了社長，新社長是從外部聘請進來的，本行為顧問業。新社長就任後，在公司內部的報刊上表示：

「我注意到公司裡有很多內向的員工。我們必須走出去，與他人交換意見、資訊，創造新價值。」

I公司的企業文化向來不積極鼓勵員工參加外部活動，但新社長的言論促使愈來愈多年輕職員和中堅員工開始參與外部活動。新社長非常高興，也想與這些參加外部活動的員工進一步交流。

受到這股風氣的影響，I公司的管理階層產生危機意識。他們感到若自己跟不上會大事不妙，也開始積極建立外部人脈，於是在I公司掀起一股「建立外部人脈」的風潮。

有一次，小西主任的前輩奧野副理提出一個問題：

「小西，你的公司外部人脈廣，所以我想跟你請教一下，社長說參加講座和會後餐敘就能增加外部人脈，但我這三個月來照著做，人脈也沒變多啊！你能教我在講座和會後餐敘該怎麼表現嗎？」

「你是想知道如何建立外部人脈嗎？我這樣問或許有點沒禮貌……請問你有任何興趣、特殊技能、證照嗎？還有，你會參加公司外部的讀書會、資訊交流會，或任何聚餐嗎？」

「都沒有，我以公司為主，狂參加內部活動。參加外部的，還要跟陌生人互動，太麻煩了！雖然我也認為應該走出公司，但一想到就覺得心情沉重，最後還是不了了之。不過，你可以教我如何迅速增加外部人脈嗎？」

「好，我認為你在公司內部有很多人脈，其實不必為了刻意增加外部人脈而勉強自己參加額外的活動。」

「是吧！我也是這麼想。好，那算了。」

像奧野副理一樣，想建立外部人脈卻又覺得參加活動麻煩，是很難拓展外部人脈的。

潛藏在上百張名片中的沉睡礦脈

接下來要講的事發生在五年前，我擔任系統企畫部經理，底下有一位丸內副理，男性、三十四歲。當時我們部門正在檢討「全新的付費方式企畫」，也就是利用電子貨幣（electronic money）在網路購物的付費方式。

丸內副理在我的指導下，負責思考並規畫新的支付方式。他從未負責過企畫，只有以副理的身分依規定監督其他人工作而已。檢討企畫時，我與他討論。他迅速向我說明自己的想法和執行方法。然而，就他當時的能力並不足以處理新工作。他的想法是「召集公司內的專業人士，一起討論、進行腦力激盪，參考他們的意見來研擬企畫案」。這種做法無法想出「全新的支付方式」。當然，公司內的專業人士或許有不錯的點子，不過，我們必須做最壞的打算——公司的專業人士有可能想不出全新的支付方式。

我們必須設想二種情況：一是公司內部想不出方法；二是外部可能可以想出更好的方法。所以，徹底蒐集情報，了解誰可能想出「全新的支付方式」與這位關鍵人物在哪裡非常重要。

我去了解丸內的外部人脈。他手上雖然有三百張名片，卻缺乏積極的互動，也不愛參加讀書會、跨界交流會等外部活動。收在名片盒裡的名片和登錄在名片管理軟體中的人，都不是人脈。能讓我們獲得情報的人脈，是會定期交換資訊，對彼此工作產生助益的人。

若無法與這些人建立密切關係，進而聚餐、交換資訊、舉辦讀書會、共同研究、進行商業聯盟（alliance business），就不能稱為外部人脈。

於是我開始指導他如何增加外部人脈。

丸內後來變得怎麼樣了呢？

五年後的現在，他在企畫上做得相當成功。現在的他，最大的武器就是有能力網羅世界各地的大量資訊，還認識許多專家。那時，我建議他從三百張名片中，選出一百張他想要的外部人脈，並傳送以下內容到名片上的電子信箱：

合作招募

敝公司有意在未來發展新的事業計畫，希望能定期蒐集系統採購的資訊。因此，目前正在募集願意提供我方所需資訊的公司。

我們將基於所蒐集到的資訊，編列明年的預算。採購系統時，敝公司會優先邀請提供資訊的公司提出標案企畫書。不過，這並不是綁標，敬請諒解。

我們會同時請多家公司提出標案企畫書。貴公司提供資料後，即使敝公司未向貴公司採購系統，我方所關注的業界動向也會不吝與貴公司分享，對貴公司的事業產生助益。

若您了解上述內容並認同我們的想法，懇請貴公司回覆承辦人員與貴公司的擅長領域。

以上

這封信獲得熱烈的反響，丸內開始積極與外界人士交流，餐加餐敘、讀書會，從外界獲得許多資訊。後來，他的外界人脈愈來愈多，最近還主辦上百人規模的商業交流會。

建立自己的外部腦＝「智慧圖書館」

在上個案例中，丸內所建立的是「智慧圖書館」，讓他可以與外界人脈「交流知識」。**建立智慧圖書館的方法之一，就是活用以前蒐集的名片**。名片的公司名、部門、職稱對於打造人脈網很有幫助。

假設公司內的有價值情報大多掌握在業務部和調查企畫部的人員手上，先與這些部門的人交流，能更快累積人脈。董事、總經理等高階職位的人也握有有用的資訊，最好能讓這些人士成為自己人脈網中的一環。

另外，**業種也會影響資訊價值的高低和速度，在建立人脈網的過程中舉足輕重**。報社、雜誌社、出版社、電視臺、網路新聞公司等媒體，掌握了價值高的情報。智庫、貿易公司、ＩＴ產業的新創企業，也擁有豐富的新資訊，有助於建立外部網絡，展開資訊蒐集，進行知識交流。我建議拿到上述產業人員的名片後，立刻發 e-mail 邀請碰面，交換資訊。如此一來就能展開新的交流，接受外界人士的刺激，讓自己和所屬公司都能激發出新的想法。不斷與他人交流，你就會發現自己的創意變豐富了。

不過，值得注意的一點是，我們不能只單方面接受別人的資訊。與他人交流時，很重要的心態是，自己能提出更多有用的資訊。**你的公司習以為常的問題解決方法，在其他公司眼裡看來或許很新穎，可以盡量侃侃而談**（當然不能透露機密）。即使是已經對外公開的資訊，也能運用自身經驗加以說明，其他公司的人會覺得聽到很有價值的訊息。

像這樣建立智慧圖書館，就等於打造自己的外部腦。

Appendix 附錄

「團隊管理法則」範例

④ 做別人不想做的事

人人都睜大眼睛在看。這麼做可以獲得「這個團隊很不錯」的評價。

⑤ 態度積極

態度積極的人和團隊比較受歡迎。

⑥ 保持速度感

想提高工作的生產力，速度感非常重要。若主管重視速度，成員也能感受得到。

⑦ 做合理的事情

合理的判斷可以增加工作上的產出。

⑧ 不要做會被人在背後說閒話的事

一旦招致壞名聲，就不會有人願意協助你和所屬團隊。

附錄——
「團隊管理法則」範例

Appendix

「基本行動」8守則

① 永保活力

展現活力可以活化團隊，並博得相關人員的好感。

② 為人服務

好心有好報。幫助別人，就會產生「情感互惠」效應（協助別人，對方也會想回報你的心態），最後為自己和團隊帶來好處。

③ 傾聽並幫助人解決煩惱和困擾

這個行為也與情感互惠有關。有趣的是，你在心理上「借出去」的東西愈多，工作就會愈順利。

⑥ 思考對組織有利的事

個人的工作成果固然重要，但還是要以組織的成果為優先，思考自己可以做出哪些貢獻，有助於提升團隊的戰力與成績。

⑦ 與他人互相幫助

做到這件事，可以強化組織成員的關係。完成自己和所屬團隊原本做不到的事，能提高生產力。

「思考」7守則

① 積極檢討「別人做不到」的問題

思考較難的問題，可以提升自我能力。

② 深入思考

想要讓身邊的人另眼相看或讓自己變得見識深遠，思慮必須多元且有深度。

③ 眼光要放遠

思考五年後、十年後的事，分析環境、評鑑內部人才，有助於提高組織的戰力。

④「見樹又見林」的思維

無法掌握細節，就無法推動工作，也無法俯瞰整體局勢。身為主管卻無法了解細節，或身為承辦人員卻無法掌握整體計畫，都是不行的。

⑤ 顧及所有參與者的利益

順利推動工作的關鍵在於顧及所有參與者的利益。累積這樣的思考訓練，能在職場上練就影響力。

⑥ 開口請別人幫忙後，一定要說謝謝

一句謝謝就能使人的心情大好。請務必跟對方道謝。時機也很重要，請盡量早點致謝。

⑦ 得到別人的協助後，也要還對方人情

老是接受別人的幫忙是不行的。想一想自己可以怎麼報答對方，不要「只借不還」。

「交辦工作」7守則

① 平時就要協助需要他們幫忙的部門

情感互惠原則會讓對方產生「欠債」感，總有一天能派上用場。

② 說清楚工作內容

太麻煩的工作不會有人想做。用心把工作內容寫清楚，誠懇地請別人幫忙。

③ 盡早開口

過於緊急的工作會令對方感到不悅。盡早開口，讓對方有充分的作業時間，就不會惹別人不高興。

④ 讓對方知道有什麼好處可拿

得不到好處的工作，沒有人會想做。告知好處，對方能愉悅地接下工作。

⑤ 提升對方的個人名聲

不只組織，若做事的人得不到好處，就不會熱心幫忙。祭出誘因，讓他人心甘情願地做。

⑥ 整理所學，教授給其他成員

把他人教自己的知識和所學分享給別人，有助於提升記憶的效率，具有加強理解的功效。

⑦ 讓對方徹底思考「為什麼會變這樣」的原因

若大腦沒搞清楚狀況，就很難理解和記憶，因此必須促使對方去思考原因和背景。

⑧ 請對方把自己的想法寫下來

這樣做也能達到產出的效果，進而有效率地理解和記憶。

⑨ 視必要舉辦參訪或實習活動

百聞不如一見，百見不如一行。觀看和行動等於是給予大腦刺激，可提升學習效果。

⑩ 每天持續教導，時間短一點也無妨

持續做，讓動作烙印在潛意識中，就能反映在行為表現上。

「指導」10守則

① 指導前，告訴別人「為什麼要學」，讓對方主動思考

若對方沒有理解，無法提升學習效果。

② 一開始就讓對方自知哪些事「做不到」

若對方不知道自己做不到，你教再多他也是左耳進右耳出，完全聽不懂。

③ 指導的過程和最後，一定要舉辦測驗或發表等活動，進行「產出」

想理解或記住一件事，一定要進行產出，大腦便會努力留下深刻記憶，讓我們可以進而與他人分享所學。新記憶與舊記憶組合後，即可迸出新火花。

④ 指導前，先交代任務

缺乏明確的目的和堅強的意志，無法提升學習效果。

⑤ 多問問題能加深理解

提問有助於讓大腦留下記憶。若想強化學習效果，必須懂得問對問題。

⑥ 說清楚指責的原因

若當事人搞不清楚自己為什麼被罵、哪裡需要改進，就會變成白費唇舌。一定要說清楚指責的原因。

⑦ 罵過了就不要記恨

管教是為了能有所改善。若彼此互相記仇，管教便失去意義。

⑧ 避免一次挑很多毛病

一次講太多問題，對方很容易忘光光。一次講一件事，讓對方去改進。

⑨ 罵過之後，給對方扳回一城的機會

若當事人情緒低落，一定要引導他展現積極的態度，為自己扳回一城。

「責備」9守則

① 訓誡或管教別人的時候，要注意旁人的耳目

傷害當事人的自尊心並不是一件好事。尤其責備內容若與個人能力有關時，更應避免在大庭廣眾下斥責。

② 讓當事人覺得被罵是一件「好事」

雖然沒有人喜歡被罵，但若可以令當事人覺得被罵是一件「好事」，可促使管教效果提升好幾倍。

③ 責備前，先讓對方承認自己的失敗

若在對方還不承認自己失敗的狀態下就予以斥責，會引發不滿、反感及不信任，對個人、主管、團隊都沒好處。

④ 若對方已經在檢討，就停止斥責

失敗時，最不甘心的一定是當事人。若對方已經在反省，最好的方法反而是不再多說。

⑤ 訓誡時，應針對行為而非人格

行為可以改進，但要改變人格可不是件簡單的事。淨是挑改變不了的毛病，也沒什麼幫助。

⑥ 事先告知會議主題

準備會議非常重要。一定要在會前公告會議主題，開會時則專心討論。

⑦ 預想與會者的發言，事先想好應對方式

審慎思考與會者站在什麼立場、有什麼目的，通常就能推測他們可能在會議上提出什麼意見。應該預想其他人的發言，並思考如何應對。

⑧ 訂定明確的會議目標

目標模糊的會議，終將以失敗收場。請訂定明確的目標。

⑨ 讓資料具備引導功能，以利會議順利進行

資料是決定會議流程的重要導覽手冊。製作會議資料時，請想好會議流程，使之腳本化。

⑩ 妥善運用白板，有助於大家說出意見

藉由圖示化，活絡會議氣氛。站在白板前和與會者一起思考，可以增加團結感。

「引導」10守則

① 縮小題目範圍

訂定明確的會議主題，整理論點，避免無意義的討論。

② 限定與會人數

只由真正必須出席的人參與會議。不相關的第三者或不發言的人，出席了也沒用。

③ 掌控發言方向

掌控發言方向，避免意見過度分歧，以利討論出問題解決方法。請避免出現與主題無關的意見。

④ 想像結論

想像會議的結論，掌控發言方向和時間。拖太久的會議，非常沒意義。

⑤ 想像會議後的行動

想像在會議後執行決議、獲得成果的樣子，控制會議的流程。若能產生這樣的想像，會變得樂於接受具體的意見。

⑥ 找對問題

只要正確了解原因在哪裡、問題點在哪裡，幾乎等於把問題解決了。最重要的就是找對問題。

⑦ 不要讓成員說「解決不了」

不要讓成員說「這太難了」「這個問題解決不了」。時時提醒自己「問題一定可以解決」「解決不了是因為功課沒做足」，並貫徹這樣的想法。

⑧ 限制時間，思考解決方法

時間不是無限的。利用時間箱（timeboxing）限制時間，能給予大腦壓力，激發出好點子。

⑨ 與相關人員共享問題解決方法

讓解決方法成為共享的知識，制定規則以利未來能繼續運用。如此一來，就能累積團隊的知識，成為有能力解決問題的團隊。

「管理」9守則

① 釐清責任、作業內容

責任歸屬不明會導致工作停滯。明確釐清應由誰負責。

② 問題要「具體」，才能掌握進度

以具體的成果指標掌握進度，就能知道工作進行得順利與否。

③ 以日為單位管理問題和進度延遲的工作

做過卻失敗的工作或有問題而難以解決的工作，很容易被再三拖延。這種時候一定要釐清責任歸屬、工作內容及期限。

④ 不要同時討論問題的狀況和解決方法

掌握狀況時，重視速度和事實資訊。先確實掌握狀況，再另外討論如何解決。若同時思考這二件事，常常會引發混亂，例如問題因果關係顛倒等。

⑤ 問對方法，正確掌握問題

不對的問法，無法獲得正確的資訊。若主管獨斷指出「問題就在這裡吧？」可能會使團隊成員畏縮不敢言，導致主管以錯的方式看待事情。

⑥ 製作會議紀錄

在會議紀錄上記下每個人的發言，作為日後的依據（證據紀錄）。時間一久，人很容易忘了自己說過的話，不負責任。

⑦ 簡潔地記錄未決議事項和已決議事項

人很健忘，所以記不住眾多議題中哪些已決議、哪些尚未決議。請主動記錄下來，別想依靠人類的記憶。

⑧ 當天的會議當天記錄

會議結束後，趁記憶鮮明、情緒高昂的時候，盡早將會議內容記錄下來。

⑨ 以清楚的方式管理並追蹤未決議事項

列表記錄未決議事項，放大字級並放在顯眼的地方，讓主管和團隊成員容易看到。

「開會」9守則

① 縮小題目範圍，讓與會者比較好給意見

若題目太抽象，與會者很難給意見。請設定具體的題目，由意見領袖率先提供意見，使其他人仿效。

② 問對問題，令人好提供意見

問對問題，促進思考、產生想法，能讓討論更熱絡。

③ 訂定規則，避免出現批判或消極的意見

除了會議之外，團隊成員平時也要遵守這項規則。

④ 限定時間

有限的時間能給予大腦壓力，促使團隊產生更多想法。

⑤ 會議結束後，明確規定負責人、工作內容及期限

會議結束後，心情很容易鬆懈下來。請確實擬定計畫與時限，徹底執行。

⑥ 當對方有功時，多多捧他

對盡心奉獻的人說「多虧有你」「都是因為你的想法太棒了」，這種會讓對方喜上眉梢的讚美詞，具有激勵的效果。

⑦ 支持下屬

領導者和主管不應與部屬競爭。上位者必須支持部屬和團隊成員，為其打氣，予以讚賞。

「讚美」7守則

① 透過第3者讚美他人

從第三者口中說出來的讚美，可以令對方更開心。

② 讚美對方的思考能力

「你的想法很有趣」比「你很認真」更令對方印象深刻。點出工作方面具體的優點，效果也不錯。

③ 誇獎對方的努力

這也是讚美工作方面的具體優點。稱讚對方的態度與好習慣，對方就會更想繼續努力。

④ 指責後予以讚美

對方心情低落時，要不著痕跡地請對方幫忙，並藉機讚美他。

⑤ 讚美與眾不同的地方

讚美對方的細心、品味等與眾不同之處，有助於提升工作動力。

職場上，你需要搞點政治：辦公室政治教戰手冊

社内政治力

作者	蘆屋廣太（Kota Ashiya）
譯者	楊毓瑩
主編	陳子逸
設計	許紘維
校對	渣渣
特約行銷	劉妮瑋
發行人	王榮文
出版發行	遠流出版事業股份有限公司
	100 臺北市南昌路二段 81 號 6 樓
	電話／(02) 2392-6899
	傳真／(02) 2392-6658
	劃撥／0189456-1
著作權顧問	蕭雄淋律師
初版一刷	2020 年 4 月 1 日
定價	新臺幣 300 元
ISBN	978-957-32-8731-5

遠流博識網 www.ylib.com

國家圖書館出版品預行編目（CIP）資料

職場上，你需要搞點政治：辦公室政治教戰手冊
蘆屋廣太著；楊毓瑩譯
初版. 臺北市：遠流，2020.04
240 面；14.8 × 21 公分
譯自：社内政治力
ISBN 978-957-32-8731-5（平裝）

1. 職場成功法 2. 人際關係

494.35　　109001422